AF314805

Pour M. Thiéry Médecin de
M. le Duc. de Duras Ambassadeur
de France a Madrid. recommandé a
M. Piélat intendant de M. le D. de D.
Rue S.t honoré a Paris

de la part de l'Auteur

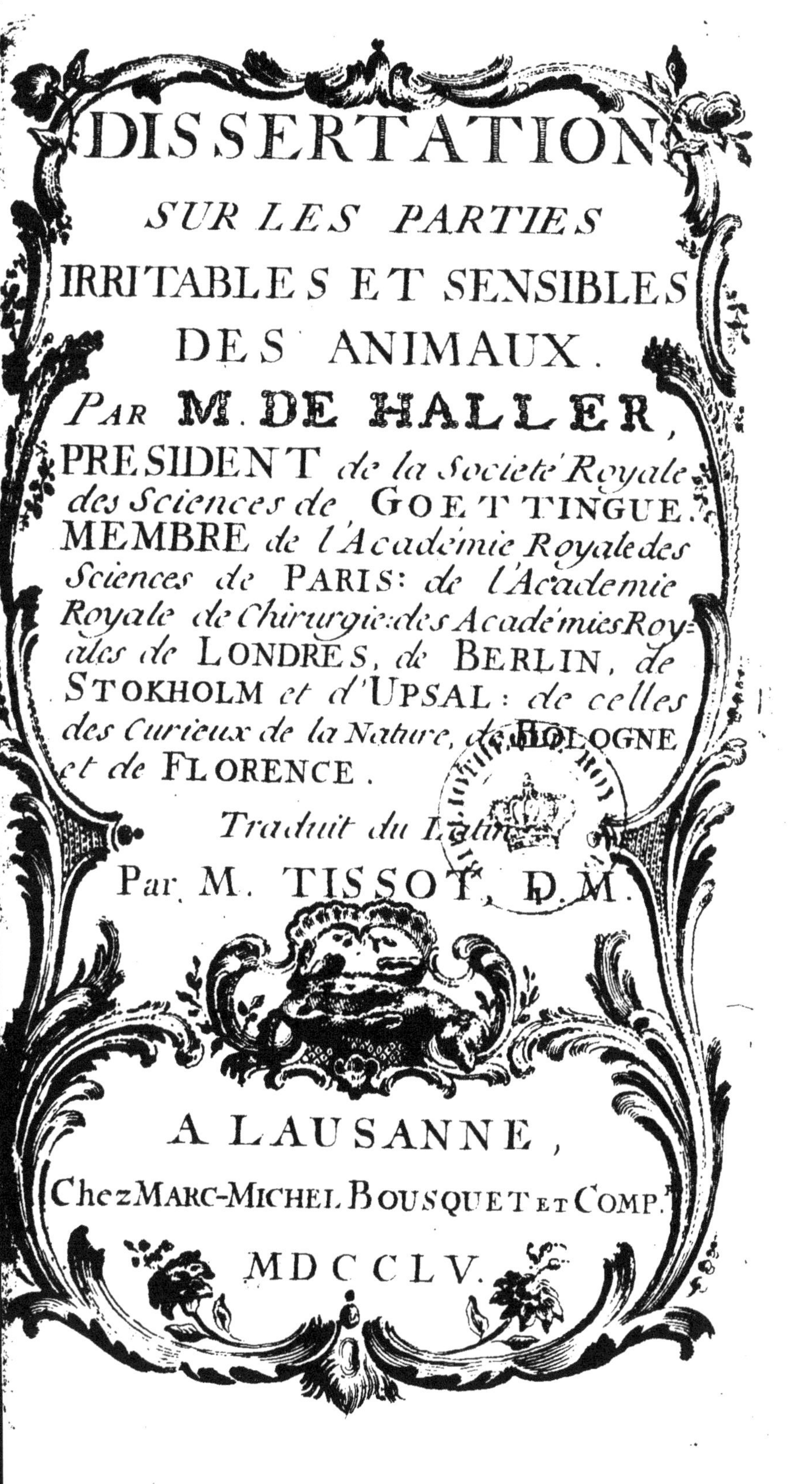

DISSERTATION

SUR LES PARTIES

IRRITABLES ET SENSIBLES

DES ANIMAUX.

Par **M. DE HALLER**,

PRESIDENT *de la Société Royale des Sciences de* GOETTINGUE. MEMBRE *de l'Académie Royale des Sciences de* PARIS: *de l'Académie Royale de Chirurgie: des Académies Royales de* LONDRES, *de* BERLIN, *de* STOKHOLM *et d'*UPSAL: *de celles des Curieux de la Nature, de* BOLOGNE *et de* FLORENCE.

Traduit du Latin

Par M. TISSOT, D. M.

A LAUSANNE,

Chez MARC-MICHEL BOUSQUET et COMP.

MDCCLV.

DISCOURS

PRELIMINAIRE

D U

TRADUCTEUR.

PENDANT qu'on s'est bor-né en Physique, à imaginer des faits & à les expliquer par des hypotheses, cette Science a été un véritable Protée, qui prenoit tous les jours de nouvelles formes, parce qu'une imagination a toujours droit d'en chasser une autre; il arrivoit de là, que la Nature restoit absolument inconnuë, & que le meilleur Physicien n'étoit qu'un homme d'une mémoire heureuse, qui l'avoit chargée des réveries de tous ses dévanciers, & qui, ou donnoit la préférence à quelqu'une, ou les rejettoit toutes, pour leur substituer les siennes. Quelques génies heureux, à la tête defquels on peut mettre le Chancelier Bacon, reconnurent, dans le fiecle dernier, l'abus de cette façon de philofopher; ils virent qu'il falloit effectivement rejetter tout ce fatras de chimères qu'on donnoit fous le nom de Phyfique, & ils fentirent en même tems qu'on ne devoit pas faire cette fcience, mais l'étudier : qu'il falloit obferver les phénomenes, c'eft l'Hiftoire naturelle, la Phyfique empirique; & en chercher les caufes; c'eft la Phyfique rationelle, qui, bien entenduë, n'eft elle-même qu'obfervation, mais une obfervation plus délicate & en même tems plus éten- due; qui embraffe à la fois un grand nombre de phénomenes, qui remar- que ce qu'ils ont de commun, ce qui les lie; qui, non contente des phé- nomenes, cherche à en pénétrer la mécanique, à démêler les proprietés de la matiere qui les operent, à découvrir ces phénomenes prémiers, qui fervent de caufes à une foule d'autres , & qu'on pourroit appeller les *clefs de la nature*, parce qu'effectivement leur connoiffance fournit la folution de nombre de faits dont on ne voyoit pas la raifon ; & qu'un fait dont on connoit la caufe , eft beaucoup plus intéreffant & plus utile qu'un autre. L'on fent aifément que cette Phyfique des caufes , ne doit pas faire des progrès auffi rapides que l'Hiftoire naturelle ; elle fait cependant quelques pas de tems en tems : les proprietés de l'air , la circulation du fang , l'électricité , découvertes dans moins d'un fiecle , ont répandu fur la Phyfique , plus de lumiere qu'elle n'en avoit reçû depuis deux mille ans ; & elles ont fucceffivement attiré l'attention de toute l'Europe favante. C'eft aujourd'hui le tour de l'IRRITABILITE' , décrite dans le Mémoire dont je donne la traduction, & dont je ne ferai point l'éloge, parce que son illustre Auteur a accoutumé le public, depuis vingt ans, à ne recevoir de lui que des ouvrages marqués au coin de l'excellent; elle commence aujourd'hui à être l'objet des recherches de tous ceux qui se vouënt à l'importante étude de l'Oeconomie animale.

Elle a essuyé des contradictions; la paresse, pour s'éviter la peine de l'examen; la vanité, pour s'épargner un aveu d'ignorance; l'envie, pour ne pas en faire hommage à l'inventeur, ont nié son existence; & quand elle a été attestée par un trop grand nombre de faits, pour qu'il fut possible à la prévention la plus forte de la revoquer en doute; on a voulu la retrouver sous d'autres proprietés connuës dès long-tems; mais ce dernier retranchement a bientôt été renversé.

L'*Irritabilité* eſt une proprieté entierement différente de toutes celles qu'on
connoiſſoit juſques à preſent dans les
corps (1) ; & qui étant eſſentielle à
tous les animaux, peut-être à toutes
les plantes, ſera à juſte titre comptée
déſormais parmi les qualités prémieres des corps organiſés.

Il doit paroitre bien étonnant, &
il eſt bien humiliant en même tems
pour l'homme, qu'une proprieté qui,
comme dit M. Zimmerman, fait
peut-être la baſe de ſa vie, & que le
hazard doit avoir renduë ſenſible mille fois, ait échappé à des yeux qui
tous ſe croyoient obſervateurs, &
dont quelques-uns l'étoient réellement ; peut-être ne ſeroit-il pas impoſſible de rendre raiſon de ce phénomene, ſi c'étoit le tems de le faire;

(1) Vis ab omni aliâ hactenus cognitâ pro-
prietate corporum diverſa & nova eſt : neque
enim a pondere, neque ab attractione, neque
ab elatere pendet. *Prim. Lineæ phyſiol.* §. 408.

il fuffit qu'il reffemble à bien d'autres
du même genre ; la pefanteur de l'air,
fon élafticité, l'attraction, fe mon-
troient tous les jours; il a fallu un
TORICELLI & un NEWTON pour
les faifir ; pourquoi n'en eut-il pas été
de même de l'Irritabilité ? Et n'eft-il
pas vrai de dire, que des découvertes de cette nature, font d'autant plus
d'honneur à celui qui les fait, qu'il
vit dans des tems plus éclairés ? Quand
on n'a encore rien vu on regarde tout,
& dans un objet que perfonne n'a
encore examiné, on s'attend à trouver du nouveau ; mais dans un fiecle
comme le nôtre, fur un fujet autant
examiné que le corps humain, l'on
ne fe flatte pas de découvrir des proprietés effentielles ; tout ce qu'on peut
naturellement efperer, c'eft de pouf-
fer plus loin ces découvertes, dont
la perfection ne demande que de l'art
& de la patience. Pour appercevoir

une proprieté comme l'Irritabilité,
pour la regarder quand on l'apperçoit,
il faut avoir l'œil du génie bien per-
çant & bien jufte, avoir fenti bien
vivement le befoin de cette découverte, & l'avoir pour ainfi dire *fub-
odorée*; il faut connoitre bien à fond
tout ce qui eft connu, fe le repréfenter avec bien de la force, pour
n'être pas perfuadé qu'on voit mal,
ou qu'on voit ce que d'autres ont
déja vû & n'ont pas jugé digne de
confideration ; il faut avoir un goût
du vrai bien décidé, & une envie
de le faifir bien forte, pour ne pas
laiffer échapper cette premiere lueur,
qui, à des yeux communs, ne paroitroit qu'un feu follet auquel on ne
fait aucune attention, & qui devient
une aurore boréale pour ceux que la
Nature a deftinés à l'obferver ; c'eft
créer que de découvrir de cette façon.
Mais dans ce fens M. de Haller

a-t-il bien réellement créé l'Irritabilité ? L'on trouvera à la fin de fon
Mémoire une petite hiftoire de cette
proprieté , dans laquelle il nous apprend que d'habiles gens lui en ont
fait honneur ; & bien loin de fo\nf-
crire à leur témoignage, fa modeftie,
qui eft toujours le fceau des talens
fupérieurs, l'engage à nommer quelques Auteurs, dans lefquels il prétend
qu'on la trouve déja indiquée. Mais
qu'on fe donne la peine de parcourir
leurs Ouvrages, il eft aifé de voir
que ce qu'on y trouve, prouve feulement qu'ils imaginoient une caufe
cachée , à laquelle ils attribuoient des
phénomenes dont ils ne pouvoient
pas fe rendre raifon ; mais non point
qu'ils connuffent l'Irritabilité. HIP-
POCRATE avoit déja défiré cette
caufe & l'avoit indiquée fous le nom
δ'ένορμον ; BAGLIVI qui de fon propre aveu , n'a dû fon fyftème qu'à

ces idées d'Hippocrate, imagina une force dans les folides qu'il ne diftingua point des autres forces connuës, qu'il paroit évidemment confondre avec l'élafticité, & qu'il place dans des parties où on ne la trouve point. GLISSON eft le premier, dit M. de HALLER, qui ait employé le mot d'*Irritabilité*, mais au fond Gliffon n'a vû que ce que les Bouchers voyent tous les jours, des chairs qui palpitent après la mort, & qui recommencent leurs palpitations quand on les touche. Le ton tant rebattu des Sthaliens n'eft que l'élafticité : & le principe du mouvement de M. de GORTER n'eft autre que l'élafticité jointe à la fenfibilité, & cet habile Médecin a fi peu fait d'expériences, qu'il attribue la caufe des fievres (2) à l'irritation des arteres, qui ne font ni irritables ni fenfibles. Voila cependen-

(2) Compendium. Tr. 52. §. 9.

dant tout ce qu'on avoit, quand M. de Haller donna en 1739 les premieres notions de l'Irritabilité ; il a continué à l'éclaircir les années suivantes, & ce ne fut que quelques années après que M. Winter, dans un discours Académique, & dans une These soutenue par un de ses éleves, fonda un système sur l'Irritabilité telle qu'il l'imagina, & non point telle qu'elle étoit : en effet, bien loin d'en être l'inventeur, l'on peut dire qu'il ne s'en étoit pas même fait une idée juste ; son système est le même que celui de Baglivi, si peu corrigé, qu'il est retombé dans la même erreur, c'est de prendre pour principe de tous nos mouvemens la dure mere qui n'en a aucun : quel fond peut-on faire sur des systèmes purement imaginaires, & dont une seule expérience prouve toute la futilité ? Mais quel compte ne doit-on pas tenir à M.

Winter d'avoir reconnu publiquement qu'il s'étoit trompé ? Quoique fans doute un pareil aveu doive couter moins à un homme, qui, comme lui, s'eft fait une reputation fupérieure, qu'à ces Auteurs fubalternes, qui ne font connus que par une erreur, dont l'oubli les replongeroit dans le néant. M. Kaau Boerhave dans l'ingénieux ouvrage *de Impetum faciente*, publié feulement en 1745, fait des recherches fur δ'ένορμον d'Hippocrate, mais il ne l'a point placé dans l'Irritabilité ; la façon dont il le caractèrife §. 145 le prouve bien vifiblement : c'eft, dit-il, une force qui n'appartient ni au corps ni à l'ame, qui nait au moment de leur union, & qui ceffe au moment de leur féparation ; ces caractères font bien oppofés à ceux de l'Irritabilité, la chimère & la réalité ne peuvent pas être confondues. S'il

eſt fait quelque mention de cette proprieté dans les autres ouvrages qui
ont paru depuis, il eſt aiſé de voir
dans quelle ſource on a puiſé, & l'on
doit conclure que c'eſt véritablement
M. de HALLER qui a découvert &
mis dans tout ſon jour l'Irritabilité:
les ſoupçons confus qu'on peut en
trouver ailleurs, ne doivent non plus
lui en ravir la gloire, que les ſimpa-
ties d'ARISTOTE ou la force obſ-
cure & univerſellement répandue de
BACON VERULAM n'ont enlevé à
M. NEWTON celle d'avoir connu le
prémier la force attractive; & comme cette proprieté ſera tranſmiſe ſous
ſon nom à la Poſtérité la plus reculée,
cette même Poſtérité ne connoitra
l'Irritabilité que ſous l'épithete d'HAL-
LERIENE. Bien loin que ces idées
obſcures & fauſſes qui ſe trouvoient
dans quelques ouvrages, ayent facilité

lité la découverte de M. de Haller, elles doivent lui avoir été en obstacle. Dans les arts une ébauche imparfaite & même vicieuse a son utilité, en ce qu'elle conduit au mieux, & par gradations à la perfection. Nous devons aux essais les plus informes, ces machines qui s'attirent aujourdhui notre admiration ; la premiere cabane a été l'échafaud & le modele des édifices les plus superbes. Mais il n'en est pas de même dans les sciences ; un sistème manqué, sur tout s'il est fondé sur des idées fantastiques qu'on donne pour des expériences exactes , écarte du vrai, il rend plus difficiles, il retarde, souvent il empêche absolument les progrès qu'on auroit pû faire; & l'on doit tenir bien plus de compte à ceux, qui, pour saisir ce vrai, sont obligés d'écarter mille erreurs semées comme autant d'obstacles sur la route, qu'à ceux qui trouvent un chemin non battu, à la vérité, mais uni, & l'on a cette obligation à M. de HALLER; il n'a pû parvenir au vrai principe du mouvement dans l'homme, qu'à travers les débris d'une foule de fiſtèmes imaginaires.

Toute la Mécanique animale roulant ſur ce principe, il eſt aiſé de ſentir quel changement ſa découverte produira dans les explications des faits: nous devons la Phyſique à l'Angleterre, on devra la Phyſiologie à la Suiſſe, & le Mémoire ſur l'Irritabilité en fera la baſe immuable. L'on peut voir dans celle de l'auteur, l'heureux uſage qu'il a dejà fait de cette proprieté.

Un grand nombre des faits ſur leſquels elle eſt établie dans cette Diſſertation avoient dejà été annoncés au public par MM. ZIMMERMAN, OEDER, CASTEL, ZINN, SPROEGEL & WALSTORF éleves de M. de HALLER, témoins de ſes expé-

riences, encouragés par ſes conſeils,
& animés par ſon exemple à en faire
de nouvelles. Leurs ouvrages ſont
connus, & ont eû à juſte titre les ſuf-
frages du public; mais il manquoit à
tous, ce dernier degré de préciſion,
qu'on ne trouve jamais dans les premiers eſſais ſur une matiere entiérement neuve, qui devoit venir de la
main du maître, & qui caractèriſe ce
Mémoire, inferé en latin dans le ſecond volume de ceux de la ſocieté
Royale de Goettingue. L'on trouve
ici une diſtinction ſoigneuſe, entre
l'Irritabilité & la Senſibilité; des expériences faites avec une exactitude,
dont ceux qui en ſont incapables ne
ſentent ni la difficulté ni le prix; dé-
terminent les parties qui ſont ſuſceptibles de l'une & non pas de l'autre, celles qui ne poſſedent ni l'une ni l'autre,
celles qui les réüniſſent toutes deux.
Une table qui préſentera d'un coup

d'œil le refultat de toutes ces expériences aura fa commodité, j'ai cru faire
plaifir d'en inferer une ici.

Parties Senfibles.

Le cerveau, les nerfs par leur moëlle & les parties fuivantes par les nerfs.

La peau, les mufcles, l'eftomac, les inteftins, la veffie, les uretêres, l'uterus, le vagin, le pénis, la langue, la rétine ; le cœur, mais moins que les autres mufcles. Les vifceres & les glandes n'ont que très peu de nerfs, & par confequent que très peu de fenfibilité.

Parties Infenfibles.

L'épiderme, le tiffu cellulaire, la graiffe, les tendons, les membranes tant celles qui enveloppent les vifcères que celles des articulations ; la dure & la pie mere, les ligamens, le périofte & le péricrane, les os, la moëlle, la cornée, l'iris. Les arteres & les veines ne font fenfibles que dans quelques endroits où elles reçoivent des nerfs.

Parties Irritables.

Le cœur, les mufcles, le diaphragme, le ventricule & les inteftins, les vaiffeaux lactés, le canal thorachique, la veffie, les finus muqueux, l'uterus, les parties génitales dont l'Irritabilité a quelque chofe de fingulier.

Parties Aïrritables.

Les nerfs, l'épiderme & la peau, les membranes, les arteres, les veines, le tiffu cellulaire, les vifceres. Les conduits excrétoires n'ont qu'une irritabilité extrêmement foible, & qui éxige une irritation très forte.

Parties qui font tout à la fois fenfibles
& irritables.

Toutes celles où l'on trouve des nerfs & des fibres mufculeufes ; les mufcles, le cœur, tout le canal alimentaire, le diaphragme, la veffie, l'uterus, le vagin, les parties génitales.

De quelle utilité peuvent être toutes ces découvertes ? L'art de guérir
en recevra-t'il un nouveau degré de
perfection, diront peut-être ces efprits fubalternes, à qui la nature n'a
laiffé d'autre reffource pour affocier
leurs noms à ceux des grands hommes,
que de déprifer leurs travaux, & qui
nient l'utilité de la théorie dans la pratique, parce qu'ils ne la conçoivent
pas, faute de cette connoiffance ap-
profondie de l'une & de l'autre, qui
eft néceffaire pour en fentir la liaifon,
& de cette étendue de génie qui em-
braffant plufieurs objets, & les réü-
niffant fous un même coup d'œil, en
fait connoitre les rapports, & appercevoir cette chaine néceffaire entre
toutes les fciences, entre celle de connoitre l'homme & celle de le guérir ?
Confultés ces hommes illuftres que
toute l'Europe regarde comme les premiers Praticiens de nos jours, (n'eft-

ce pas dire de tous les tems) MM. Van Swieten, Werlhof, Tronchin, Eller, Swenke, de Haen, tous vous diront qu'ils doivent ces fuccès brillans & foutenus qui ont fait leur réputation, à cette *Théorie lumineufe*, dit M. de la Mettrie en parlant de celle du grand Boerhaave, *qui feule fuffi-roit au moins expérimenté, & le fe-roit marcher à pas fùrs dans la prati-que, tandis que fans elle le Praticien le plus confommé refte toujours reduit au tâtonement & à la dévination.* L'on peut dire que les grands Méde-cins & les Médecins ordinaires ont une pratique différente. Les premiers ont de ces traitemens particuliers dont les autres ne faififfent pas même la rai-fon, parce qu'ils dépendent d'une a-droite application des principes géné-raux qu'ils ignorent, ou qu'ils n'ont pas le talent de faire fructifier. Serviles

fectateurs d'une méthode unique & re-
batuë fans cefle, quoique fi fouvent
pernicieufe ou au moins inutile; incapables de s'en écarter, tout ce qu'on
peut attendre d'eux c'eft qu'ils réüffif-
fent dans les cas auxquels elle convient:
Ne leur demandés rien de plus, c'eft
beaucoup, fi pour cacher leur ignorance, ils ne décrient pas ces confultes, qui,
effectivement, font trop au deffus de
leur portée pour qu'ils puiffent en connoitre le prix; & au deffus defquelles
on devroit mettre en épigraphe, *odi
profanum vulgus.*

Si la dépendance de la Pathologie à
la Phyfiologie étoit plus connuë, il ne
feroit pas befoin de faire fentir combien
la nouvelle découverte aura d'influence
fur l'art de guérir; mais malheureufe-
ment il nous manque un ouvrage inti-
tulé, *Application de la théorie à la
pratique;* c'eft ce qui me détermine à
hazarder quelques idées fur les avanta-

ges pratiques de l'Irritabilité : elles pourront fervir à piquer la curiofité du lecteur pour quelque chofe de mieux (1).

La façon d'agir de l'opium qui a enfanté tant de fiftèmes également oppofés & chimériques, qui a occafionné tant de difputes, fans avoir pû être déterminée, l'eft enfin depuis qu'on connoit l'Irritabilité; ce n'eft ni en divifant ni en épaifliffant les humeurs, ni en éxaltant ou en abforbant les parties fulphureufes, ni en reprimant *l'Archée furibond*, ni en liant le fluide nerveux, que l'opium fait dormir; c'eft en diminuant l'Irri-

(1) L'on a dejà deux théfes dans lefquelles on a cherché à faire ufage de l'irritabilité dans la pratique, l'une eft MANITII *de idiofyncrafia ex diverfa folidorum corporis humani irritabilitate optimè dijudicanda;* & l'autre foutenuë à Paris par M. DE LA MOTTE fous la préfidence de M. DE MAGNI eft, *an omnis morbus ex irritabilitate aucta aut imminuta;* mais ces deux ouvrages n'empêchent pas que la matiere ne refte encore neuve.

tabilité de toutes les parties , excepté celle du cœur qui n'eſt que très peu, le plus ſouvent point affoiblie par ce remède. Toute action des muſcles ceſſe ; les ſens ſe trouvent enchaînés dans un ſommeil tranquille ; le cœur ſeul & le poulmon, l'un parce que ſon irritabilité n'eſt point alterée, l'autre parce que ſon action eſt indépendante de l'Irritabilité ; le cœur ſeul, dis-je, & le poulmon , continuent leur mouvement tout comme auparavant ; les viſcères qui ſont dans le cas du poulmon continuent leurs fonctions ; celles de l'eſtomac & des inteſtins diminuent , & on déduit de là dans quel cas l'opium convient pour arrêter les évacuations trop abondantes ; c'eſt quand elles dépendent de la trop grande irritabilité des inteſtins ; eſt-elle trop foible, les narcotiques nuiſent ; ce grand principe ſert de baſe à toute la pratique de ce remède ; & la façon dont il agit rend raifon de tous les fimptomes qu'il occafionne. Il feroit trop long d'entrer dans ce detail que chacun peut aifément fuivre.

L'on voit quelquefois des perfonnes chez lefquelles la plus petite caufe mouvante, occafionne des mouvemens beaucoup plus confiderables, que ceux qu'elle produit chez les perfonnes bien portantes; elles ne peuvent pas foutenir la plus petite impreffion étrangére; le moindre fon, la lumiere la plus foible, leur procurent des fimptomes extraordinaires, qui, fuivant leurs differences & la partie où l'on place la caufe premiere du mal, font connus fous le nom de vapeurs, d'hipocondrialgie, ou quand on ne fçait pas mieux, de maladies bien fingulieres (2); l'on en attribue tou-

(2) L'Illuftre M. GORTER à qui la médecine pratique a tant d'obligations, eft le premier qui ait traité expreffément de la *Mobilité*, maladie fi fréquente & fi peu connuë,

jours la caufe prochaine à une mobilité exceffive des efprits animaux, la
véritable, c'eft une trop grande irritabilité; ce principe combiné avec la
fenfibilité, rend raifon des phénomenes
les plus bizarres de ces maux là, & il
nous conduit en même tems à leur véritable cure. En effet, puifque l'Irritabilité dépend du mucus, & que fes
differens degrés font proportionnels à
la confiftence de ce corps fingulier,
qu'elle eft d'autant plus grande qu'il
en a moins (3), pour en guerir l'excès, il faut rendre au mucus fa confiftence néceffaire. Les toniques font
donc les feuls remedes qu'il faille employer; les faignées, les purgations,
les fels, les eaux minerales (au moins
la plúpart), les aqueux, doivent être

la définition qu'il en donne eft très exacte, &
je confeille à tous les Médecins de connoitre ce
qu'il en dit dans fon *Compendium*, & dans fon
Siftema praxeos.
(3) M. ZIMMERMAN pag. 8.

bannis, & on doit leur fubftituer le régime, l'exercice, les frictions, les ligatures, les aftringens légers, les vins aromatiques &c. & la pratique ayant confirmé tant de fois l'utilité de cette méthode, n'eft-on pas en droit d'en conclure la vérité du fiftème qui l'explique, & que M. DE HALLER n'avoit propofé que comme une conjecture? L'âge qui donne de la fermeté au mucus, diminue cette exceffive mobilité, auffi l'on voit tous les jours les femmes hiftériques ceffer de l'être à un certain âge, ou l'être beaucoup moins. Il eft un point au delà duquel la confiftence du mucus eft un mal, parce que l'irritabilité eft trop foible, pour que les mouvemens puiffent fe faire par les caufes ordinaires; cet épaiffiffement étant la fuite inévitable de la vieilleffe, la vieilleffe conduit néceffairement à la mort, qui n'eft qu'une ceffation de tout mouvement:

dans la vieilleſſe plus d'irritabilité, ſans l'irritabilité plus de mouvement, ſans le mouvement plus de vie. La Nature fait dans les tendons l'effet de la vieilleſſe, & quoi que compoſés de fibres muſculaires & continuation des muſcles, leur trop de compacité empêche qu'ils ne ſoient irritables. Ce phénomene bien examiné pourra peut-être ſervir à faire connoitre en quoi conſiſte l'irritabilité du mucus ; les explications dans leſquelles je viens d'entrer fourniſſent celles d'un grand nombre de phénomenes, & conduiſent aux véritables regles de la pratique dans bien des cas, ſur leſquels juſqu'à preſent l'on n'en avoit que de très fauſſes.

Les cauſes & la cure des maladies convulſives ſi intimément liées aux hiſtériques, reçoivent un nouveau jour ; les ſpécifiques ſont anéantis ; il n'y a que deux indications à remplir, enle-

ver le ſtimulus & diminuer l'irritabilité ; les évacuans l'augmentent preſque
toujours ; ils ne conviennent donc que
dans le cas où ils peuvent enlever le
ſtimulus.

L'action des purgatifs mieux connuë, aide à ſe déterminer ſur leur uſage & ſur leur choix. Les maladies des
prémieres voyes, dont la guériſon eſt
quelquefois ſi longue & ſi difficile,
que d'habiles médecins les ont regar-
dées comme incurables lorſqu'elles
ſont invéterées, ſe guériront avec plus
de facilité, parce que leur cauſe connuë fait connoitre les véritables remedes. Le hazard a découvert que l'air
ſoufflé dans l'anus des noyés, les rappel-
loit quelquefois à la vie, la raiſon nous
apprend que c'eſt en reveillant l'irritabilité des inteſtins qui ranime celle des organes vitaux, & l'on en conclut qu'un
irritant auſſi innocent & plus fort que
l'air, comme l'eau froide, produira le

même effet plus sûrement. Il eſt aiſé de concevoir comment des remêdes peuvent agir lorſqu'il n'y a plus de ſentiment, depuis qu'on ſait que les organes du mouvement & du ſentiment ne ſont pas les mêmes. On peut voir dans l'ouvrage de M. ZIMMERMAN (4) la façon dont il explique ce phénomene inexplicable juſqu'à preſent, pourquoi quelques paralitiques conſervent le ſentiment, pendant que d'autres perſonnes qu'on nomme paréſiques, perdent le ſentiment & conſervent le mouvement. Les palpitations s'expliquent aiſément, & pour l'honneur de tous les Pathologiſtes qui en ont recherché les cauſes, il ſeroit fort à ſouhaiter que l'Irritabilité eut été découverte plutôt. En dépoſſedant pluſieurs parties du triſte droit qu'on leur avoit donné d'être le ſiege des dou-

(4) §. 39.

douleurs, & en marquant celles qui le font véritablement, M. DE HALLER apprend quelles font celles qu'il faut traiter, & par là il perfectionne l'art de guerir, dans une de fes parties bien importantes, celle de calmer les fouffrances.

La théorie des tempérammens éclaircie par l'Irritabilité, dans l'ouvrage que M, ZIMMERMAN prépare fur cette matiere, répandra un nouveau jour fur toute la pratique & fur les fondemens de la morale. L'influence de notre corps fur nos idées eft fi fenfible, qu'elle n'échappe à perfonne ; il eft vérifié tous les jours qu'un peu plus ou un peu moins de viande, quelques gouttes de liqueurs, quelques grains de folanum, changent entierement notre façon d'envifager les chofes, & par confequent d'en juger. Nos idées du beau & du bon, du bien & du mal, ou du vice

& de la vertu , & nos actions qui en dépendent , varient suivant que nôtre sang circule plus ou moins rapidement , qu'il est plus ou moins épais : il est donc certain que la façon de vivre change la façon de penser ; que les opérations de l'esprit entant qu'uni au corps , peuvent être variées par l'usage de l'air , des alimens , de la veille , du sommeil , du mouvement , du repos , des remedes. Il y a par consequent une médecine de l'esprit , on l'a senti de tout tems ; de tout tems on a souhaité qu'on traita cette matiere , qu'on en rechercha les vrais principes , qu'on en donna les vrais préceptes pratiques ; mais cet ouvrage n'a pas été mûr jusques à present ; tout ce que nous avons , même de plus moderne , sur cette matiere , prouve la difficulté de l'entreprise & le courage des entrepreneurs , bien plus que leur capacité ; il faut pour un ouvrage comme celui là réünir tant de connoiſſances, qu'il eſt peu ſurprenant s'il nous manque encore ; c'eſt un vuide bien eſſentiel dans les bibliotheques des Moraliſtes & des Médecins , que le traité de M. ZIMMERMAN remplira dignement , & dont nous aurons l'obligation à l'Irritabilité.

Il ne ſera plus beſoin de recourir à des ſuppoſitions imaginaires, pour expliquer les phénomenes de l'apoplexie : ſi le cœur & les autres organes de la circulation continuent leurs mouvemens, quand tous les mouvemens animaux reſtent ſuſpendus , c'eſt par la même raiſon qui explique l'action de l'opium ; parce qu'il y a un ſtimulus qui détermine le mouvement du cœur, indépendamment de tout ſentiment & de tout autre mouvement ; l'apoplexie eſt un ſommeil profond , elle dépend des mêmes caufes que le fommeil, elle s'explique de la même façon (5).

La théorie des fievres, celle des inflammations, en un mot de toutes les maladies qui dépendent d'une augmentation de circulation, feront fixées déformais, puifque la caufe de la circulation connuë, conduit à la connoiffance de celles qui peuvent l'augmenter ou l'affoiblir. Le fang devenu plus acre eft par là même plus irritant, l'acrimonie produira donc la fievre; & les différentes efpeces d'acrimonie, l'ordre de leur génération, celui de leur évacuation, formeront les différentes efpeces de fievres. Il refte encore des découvertes à faire fur l'Irritabilité, fur tout relativement à la force des differens ftimulus, qui dépend peut-être de plufieurs caufes; plus l'on en fera, plus il fera aifé de rendre rai-

(5) Voyez les *Prima lineæ phyfiologicæ*, N. 568. 576. & 400.

fon de tous les mouvemens qui dépendent de cette proprieté. ,

Plufieurs accidens de chirurgie qui n'étoient fâcheux que parce qu'on fe trompoit fur leur caufe, cefferont de l'être, à prefent que leur caufe mieux connuë conduit au véritable traitement, & le traitement connu affûre la guérifon (6). L'incertitude où l'on étoit fur la poffibilité de plufieurs opérations importantes, que les grands maitres n'hazardoient que comme des remedes défefperés, & que les autres n'ofoient pas employer, a été caufe de la mort d'un nombre de gens qu'on fauvera à l'avenir, parce que les nouvelles expériences conftatent la fécurité de ces opérations.

Les exemples que je viens de rapporter fuffiront, j'efpere, pour convaincre l'opiniatreté la plus affermie,

(6) Voyez M. Zimmerman pag. 14. 15. & 16. M. Castell §. 42. 43. 44. & 45.

des avantages réels que procure la découverte de l'Irritabilité. Je finirai par
quelques reflexions générales fur les
objections qu'on peut faire ou qu'on
a dejà faites.

1°. Ce n'eft point un fiftème idéal
que M. DE HALLER annonce dans
fon Mémoire, ce n'eft point un af-
femblage de conclufions analogiques,
fondées fur quatre ou cinq expériences faites en courant, & fouvent fi
mal, que le premier foin de l'auteur
eft d'en concilier les refultats; c'eft un
enchaînement de faits, qui ont été
conftatés, par une fuite d'expériences faites avec la plus grande exactitude, & réïterées très fréquemment
pendant le cours de fix ans, avant la
publication de ce Mémoire, & depuis lors jufques à prefent; dont les
refultats ont conftamment été unifor-
mes, & concourent tous à confirmer
la même verité. Ce n'eft donc point

par quelques raiſonnemens qu'on doit attaquer l'irritabilité ; ce n'eſt point par des objections triviales, fondées ſur les conſéquences chimèriques, qu'une imagination échauffée peut en tirer ; ce n'eſt point non plus par quelques obſervations, ou par quelques expériences faites à la volée. Si l'on veut nier les faits que M. DE HALLER avance, ou plutôt ſi l'on veut nier que ſes expériences ayent été bien faites ; il faut paroitre auſſi armé que lui, & hériſſé, pour ainſi dire, d'une foule d'expériences auſſi bien atteſtées que les ſiennes. Mais on ne doit pas s'attendre que l'Irritabilité ſoit jamais attaquée de cette façon ; ce ſeroit faire tort à la Nature que de le croire ; invariable dans ſes loix, ceux qui ſauront & qui voudront l'interroger, la trouveront toujours la même. Quand les obſervations ſur le même ſujet ne ſe reſſemblent pas , c'eſt, ou parce que l'un des observateurs n'a pas apperçû les différentes circonstances qui devoient nécessairement les varier ; ou parce que, comme il n'arrive que trop souvent, on décide le resultat de l'observation avant que de la faire, & on ne la fait que pour qu'elle le confirme : on voit ce qu'on a resolu de voir. Quelques Physiciens traitent le livre de la Nature, comme les Théologiens ont traité la Bible; ils ne la consultent pas pour savoir ce qu'elle contient, mais pour y trouver dequoi autoriser leurs idées. On n'interroge pas la Nature, on feint des oracles, & on les débite hardiment comme ses décisions; les livres se multiplient & les embarras à proportion, parce qu'il faut élaguer le faux, avant que de pouvoir tirer parti du vrai; & je serois peu surpris, si un homme qui ne connoitroit l'univers, que par les ouvrages des observateurs mal habiles ou fiftèmatiques , (c'eft le grand nombre) le croyoit celui du hazard , tant il y trouveroit peu d'uniformité & d'harmonie.

2°. Les expériences rélatives à l'Irritabilité ayant été faites fur des animaux, peut-on affirmer la vérité du refultat pour les hommes ? Il eft aifé de voir que cette objection eft le fruit de cette baffe jaloufie , qui perfecute les talens & le mérite, ou plutôt le genre humain, en cherchant à décourager les grands hommes qui l'éclairent; fi les grands hommes pouvoient être offenfés par ces traits, qui , comme ces miferables fléches que les enfans lancent d'un bras foible , ne peuvent s'élever qu'autant qu'il faut, pour retomber fur la tête du mirmidon. Mais il ne faut pas même laiffer cette trifte confolation à l'envie; en méprifant l'infecte **qui** perfecute & qu'on ne diftingue pas de la foule de fes femblables, on cherche à fe garantir de fa piqûre, dont l'effet eft d'autant plus fenfible, qu'il s'acharne fur un plus beau vifage. Le Mémoire de M. DE HALLER a deux parties, la premiere roule fur la fenfibilité, & les expériences qu'il rapporte, contraires à ce qu'on avoit généralement cru jufques à préfent, font celles que l'on auroit le plus fujet de foupçonner d'être inappliquables à l'homme; mais il a été le fujet de plufieurs de ces expériences, & tous les doutes ceffent par là même. M. DE HALLER indique quelques auteurs qui avoient obfervé avant lui l'infenfibilité du tendon, il la prouve par un fait dont il a été témoin lui même: il cite dans le fupplement l'illuftre M. ELLER dont l'autorité ne fauroit être fufpecte, comme témoin de celle de la dure mere; & M. CASTELL rapporte d'autres faits qui prouvent la même chofe (7). L'on n'a pas le même nombre d'expériences fur l'Irritabilité humaine, mais l'on en a quelques unes, & quand on n'en auroit point, l'analogie la plus févere feroit également en droit de conclure qu'elle exifte. Le Pirrhonifme qui nie toute certitude, & celui qui n'admet que la certitude géometrique, font également ridicules & dangereux; les inductions ont leurs regles, & les propofitions qu'on découvre en les fuivant exactement, ont le même degré de force, que les propofitions mathématiques les plus rigoureufement démontrées; il n'eft permis de les contefter qu'à l'ignorance jaloufe, toujours inconféquente dans fes démarches, parce qu'elle n'a point de principes. La plûpart des expériences phyfiologiques, qui depuis un fiecle ont porté la médeçine au point où

(7) Pag. 23. 24. 25. & 38.

elle eſt aujourd'hui, ont été faites ſur des animaux; c'eſt à ces expériences que nous devons la connoiſſance de la circulation, le mécaniſme de la reſpiration, les routes du chile, l'hiſtoire de la génération; l'on n'a jamais élevé d'objeƈtions contre leur application à la phyſiologie de l'homme, parce qu'on ne peut pas ſe faire illuſion ſur la parfaite uniformité de leur mécaniſme, par rapport aux fonƈtions vitales & naturelles; elle eſt démontrée par l'exaƈte reſſemblance des parties ſimillaires, & des parties organiques eſſentielles. La différence des extrêmités, ou plus généralement les varietés de l'enveloppe, ne prouvent point celles du principe de leurs mouvemens; une gruë qui leve une poutre ou un bloc de marbre, eſt toujours la même gruë, & elle agit de même dans l'un & l'autre cas: concluons donc que l'Irritabilité dans l'homme eſt une de

ces vérités irrevocablement démontrées; & la Poſtérité qui peut ſeule
apprécier le mérite des découvertes,
parce qu'elle fait abſtraction des perſonnes, ſaura donner à celle-ci le rang
que ſon utilité lui aſſûre. Elle rira cette même Poſtérité de voir, qu'après
n'avoir pas pû réüſſir à en perſuader la
nullité, on a cherché à la rendre odi-
euſe, par les conſéquences qu'on prétend en être la ſuite; elle rira de voir
les Médecins, ſuivans à la piſte les Théologiens ſectaires & les *devots de profeſ-*
ſion, intéreſſer la cauſe de Dieu à la
leur, & accuſer de Déïſme ceux qui
ne penſoient pas comme eux ſur le
battement des arteres. Un auteur connu par la beauté de ſes talens & par l'a-
bus qu'il en a fait, avoit mêlé dans le
même ouvrage quelques idées d'Irritabilité & quelques idées de Matérialiſ-
me, & avoit cherché à expliquer les
ſenſations par cette proprieté; M. DE

Haller a prouvé à la fin de son Mémoire la futilité de ce fiftème : comme cette objection fe trouve cependant très preffée dans une petite differtation de M. Delius Profeffeur à Erlang (8) & qu'il va, (tant fa religion eft charitable,) jufques à vouloir prouver fillogiftiquement, que le nouveau fiftème conduit à l'irreligion, cette propofition mérite d'être éxaminée.

1°. D'un aveu général, les nerfs font l'organe, le cerveau eft le receptacle de toutes nos fenfations, fources de toutes nos idées, & les nerfs & le cerveau ne font point irritables ; l'irritabilité n'a donc rien de commun avec nos fenfations. 2°. Quand on affirmeroit qu'elle en eft le principe, comme elle paroit être celui des autres mou-

____

(8) Animadverfiones in doctrinam de irritabilitate, tono, fenfatione, & motu corporis humani.

vemens, quelle conclufion dangereu-
fe pourroit-on en déduire? Que ce
foit l'irritabilité ou quelqu'autre proprieté de la matiere, qu'importe aux
vérités qui dépendent de la nature de
l'ame? L'analogie que j'ay prouvé
plus haut entre l'homme & les animaux, (je parle toujours des quadrupedes) cette analogie, dis-je, nous
prouve que le principe des fenfations
eft le même dans l'un que dans les autres, & ce principe n'étant pas l'ame
dans les animaux, n'eft pas l'ame non
plus dans l'homme. La fenfation fe fait
chez les uns comme chez les autres;
dans les animaux, le refultat de la fenfation fe borne à une détermination
mécanique conféquente; dans l'homme l'ame apperçoit la fenfation, cette
perception forme l'idée, & ce paffa-
ge de la fenfation à l'idée eft le caractère effentiel qui différencie l'homme du
brute. Cette différence que tant de

Théologiens nient, pour avoir le plaifir mortifiant de rabaiſſer l'homme au deſſous des animaux, & de lui trouver moins de raiſon, de ſageſſe, de conduite, qu'à eux; cette différence, dis-je, a été miſe dans tout ſon jour depuis peu, & l'on a ſapé par là le principe ſur lequel le Déïſme fondoit un de ſes plus forts argumens. Cette induſtrie, cette ſageſſe, cette prévoyance, cette reconnoiſſance, toutes ces merveilles, dirai-je plutôt, tous ces monſtres de raiſonnement, enfans de l'imagination des obſervateurs, & du deſir de trouver par tout ces cauſes finales, fruits de la vanité qui veut tout expliquer, & de l'incapacité qui rapporte à de petites vuës, ce qui n'exiſte que pour faire harmonie dans le tout; toutes ces chimères s'évanouiſſent, & ſi des êtres entierement corporels font leurs travaux avec

plus

plus d'ordre que l'homme, c'eſt que la matiere conduite par le Créateur eſt mieux regie que celle qui l'eſt par la créature. Les animaux proprement dits ſont aſtreints à des loix ſages qui chez eux s'éxécutent invariablement, au lieu que l'ame les bouleverſe ſouvent dans ſon animal. De tous ces faits il en reſulte ce ſillogiſme ſi oppoſé à celui du Profeſſeur d'Erlang. Une proprieté commune à deux êtres n'eſt pas la cauſe de leur difference ; l'Irritabilité eſt commune à l'homme & aux animaux, elle n'eſt donc pas la cauſe de la penſée. Elle opere les mouvemens vitaux, elle opere les mouvemens naturels, on pourroit encore accorder qu'elle opere les ſenſations, & tous les mouvemens animaux qui en dépendent, ſans que cette doctrine pût-être ſuſpectée, puiſqu'il eſt ſûr que la cauſe du ſentiment eſt indépendante de la penſée. Peut-être l'ame s'abfente du corps , ou pour parler plus jufte, ne prête aucune attention à ce qui s'y paffe, fans que la vie de l'homme en foit alterée ; quel emploi auroit l'ame préfidente au folitaire d'*Arnobe* fi jamais il étoit réalifé ? Quel emploi peut-elle avoir dans le fétus, cette maffe organifée mais pri-vée de tout fens, & plongée dans un fommeil continuel ? Donne-t'elle quelque figne de préfence dans un en-fant qui vient de naître ? L'on s'eft perdu dans des queftions chimériques fur le moment de l'union de l'ame & du corps, ce moment n'eft fans doute point un ; le corps peut vivre fans l'a-me ; cette union ne confifte que dans l'intuition que l'ame fait du corps, el-le n'a lieu que quand cette intuition s'exerce, & que l'ame en conféquence opere quelque mouvement dans le corps ; pendant les premiers mois de l'homme, cette union n'eft rien moins

que continuë, elle le devient peu à peu
davantage, mais elle a, peut-être, pendant toute la vie, fes interruptions, qui
font vraifemblablement la caufe de ces
contrarietés, dont jufques à prefent
on n'a pas rendu raifon.

L'on ne connoit encore qu'impar-
faitement les phénomenes de l'aiman,
de l'attraction, de l'électricité; l'Irritabilité eft venuë ouvrir un nouveau
champ de recherches, une nouvelle
fource de folutions; peut-être nous
touchons à la découverte de quelque
autre proprieté, qui répandra fur ces
matieres obfcures, un jour dont nous
ne voyons que l'aurore.

l A V I S

D U   L I B R A I R E.

DEpuis plufieurs années, certains
Libraires & Imprimeurs, que je
ne connois point, impriment fous mon
nom divers ouvrages de réputation, qui
me flateroient fi j'avois eû le bonheur de
les imprimer ; mais il y en a quantité
d'autres qui me deshonorent par les obf-
cenités qu'ils renferment. C'eft donc pour
défabufer le public de l'erreur où ce dé-
guifement pourroit le conduire, que je
le prie d'être perfuadé, que je n'ay jamais imprimé, ni ne le ferai de ma vie,
aucun Livre où la Religion, les Mœurs,
& l'honneur des Princes & des Gouver-
nemens pourroient être bleffés ; & que je
me précautionnerai contre l'abus dont je
me plains, en mettant ma fignature, comme je le fais cy-deffous, aux Livres françois de gout que j'imprimerai déformais,
principalement quand il feront d'Auteurs
auffi illuftres & refpectables que M. de
Haller.

En foi de quoi je me figne, à Laufan-
ne le 15 Novembre 1754.

Marc-Michel Bousquet

DISSERTATION

SUR LES PARTIES

IRRITABLES & SENSIBLES

DES ANIMAUX.

I L y a quelques mois (1) que M. ZIMMERMAN mon éleve & mon ami publia une *Differtation Inaugurale* fur l'IRRITABILITE' : il avoit fait en ma préfence une partie des expériences qu'elle renferme. Je les rapporterai telles qu'elles fe trouvent dans mes cahiers. Il y en a d'autres auxquelles je n'ai point affifté, & que je citerai d'après fa Differtation. Depuis l'an 1746 j'en ai fait moi-même plufieurs autres avant lui & avec lui ; & depuis le commencement de l'an 1751 j'ai foumis à plufieurs Effais 190 animaux : efpece de cruauté pour laquelle je me fentois une repugnance

(1) Monfieur DE HALLER lut ce Mémoire à l'Académie de *Goettingue* le 22 Avril 1752, & la Differtation qu'il cire avoit paru en Juillet 1751 fous ce titre, *Differtatio Phifiologica de Irritabilitate , Authore Johanne Georgio* ZIMMERMAN , Helveto Brugenfi.

qui n'a pû être vaincué que par l'envie de contribuer à l'utilité du genre-humain, & que je me fuis permife par le même motif qui engage l'homme le plus doux, à manger tous les jours fans fcrupule les chairs des animaux les plus innocens. Je ne donne point ici un Journal entier de ces Obfervations. En les faifant, on eft obligé d'en effayer d'inutiles, & d'en répéter plufieurs. Les communiquer toutes, c'eut été allonger inutilement l'ouvrage : Je me fuis borné à rapporter celles qui ont une utilité réelle, & qui font conftamment vrayes.

Le refultat de toutes ces expériences a donné lieu à une nouvelle divifion des parties du Corps humain, que je fuivrai dans ce petit ouvrage, en diftinguant celles qui font fufceptibles d'irritabilité & de fenfibilité, de celles qui ne le font pas.

Quelle eft la caufe de ces deux proprietés ? Pourquoi quelques parties en font-elles douées, pendant qu'on ne les trouve pas à d'autres ? Ce font des problèmes théorétiques que je ne promets point de refoudre. Cachées vraifemblablement dans la texture des dernieres

molécules de la matiere, hors de la portée du fcalpel & du microfcope ; tout ce
que l'on peut dire là-dessus, se borne à
des conjectures que je ne hazarderai pas ;
je fuis trop éloigné de vouloir enfeigner
quoique ce foit de ce que j'ignore : & la
vanité de vouloir guider les autres dans
des routes où l'on ne voit rien foi-même,
me paroit être le dernier degré de l'i-
gnorance.

Je me fuis d'autant plus volontiers
déterminé à travailler cette matiere,
que les expériences que j'annonce font
la fource de plufieurs changemens dans
la PHISIOLOGIE, la PATHOLO-
GIE & la CHIRURGIE, & décou-
vrent plufieurs vérités contraires aux
opinions généralement reçuës. Cette
derniere raifon m'a obligé à être extrêmement févere fur mes preuves, parce
que j'étois bien perfuadé qu'un fentiment fi peu prévu, paroitroit peu pro-
bable, & qu'on ne céderoit qu'à la con-
viction. Il a fallu pour cela réiterer &
multiplier mes expériences, pour les
élever au rang des témoignages, à l'au-
tenticité defquels les plus incrédules ne
puffent pas fe refufer, & qui me pré-

fervaiſent moi-même de l'erreur. La plûpart de celles qui regnent en Médecine, me paroiſſent venir de ce que tous les Médecins n'ont pas pris les mêmes précautions. Ils ne font que peu ou point d'expériences, & ce qui eſt plus dangereux encore, ils leur ſubſtituent des analogies auxquelles ils donnent la même force.

Un ſecond motif qui m'a encouragé dans ce travail, c'eſt l'empreſſement avec lequel quelques hommes célebres ont faiſi les premieres notions de l'I R R I-T A B I L I T E' : ils ſont allés juſqu'à prendre cette proprieté de nos fibres, pour baſe d'un nouveau ſyſtème de l'*Oeconomie animale*, & en ont déduit les fonctions des vaiſſeaux, des nerfs, des muſcles, en un mot de tous nos organes. L'on peut s'en convaincre en jettant les yeux ſur le diſcours que l'Illuſtre M. J. F. W I N T E R prononça à Franeker en 1746, ſur la Diſſertation de M. L U P S, de *Irritabilitate*, & ſur celle de MM. D E M A G N I & L A M O T-T E, dans laquelle ils concluent, que toutes les maladies dépendent de l'augmentation ou de la diminution de l'*Irri-*

tabilité des vaiffeaux (2) : fyftème qui revient à peu près à celui qu'ont foutenu MM. KRUGER, NICOLAÏ, WHYTT, DELIUS & quelques autres grands Phifiologiftes, qui regardent les fenfations comme caufe de tous les mouvemens.

J'appelle partie irritable du corps humain , celle qui devient plus courte quand quelque corps étranger la touche un peu fortement. En fuppofant le tact externe égal , l'irritabilité de la fibre eft d'autant plus grande qu'elle fe raccourcit davantage. Celle qui fe raccourcit beaucoup par un léger contact, eft très irritable ; celle fur laquelle un contact violent ne produit qu'un léger changement , l'eft très peu.

J'appelle fibre fenfible dans l'homme, celle qui étant touchée, tranfmet à l'ame l'impreffion de ce contact : dans les animaux, fur l'ame defquels nous n'avons point de certitude, l'on appellera fibre fenfible, celle dont l'irritation occafionne chez eux des fignes évidens de

(2) *Ergo à vaforum aucâlà aut diminutâ irritabilitate omnis morbus.*

douleur & d'incommodité. J'appelle infenfible, au contraire, celle qui étant
brulée, coupée, piquée, meurtrie jufques à une entiere deftruction, n'occafionne aucune marque de douleur, aucune convulfion, aucun changement
dans la fituation du corps. Cette définition eft fondée fur ce que nous favons
qu'un animal qui fouffre, cherche à fouftraire la partie léfée à la caufe offenfan-
te; il retire fa jambe bleffée, il fecoue
la peau fi on la pique, & donne d'autres marques qui nous prouvent qu'il
pâtit.

L'on voit qu'il n'y a que les expériences qui puiffent nous fournir des dé-
finitions des parties fenfibles & irritables; & ce que les Phifiologiftes & les
Médecins ont dit de ces qualités fans en
avoir point fait, a été la fource de plufieurs erreurs. Cette même inexactitude
appliquée à d'autres objets, en a produit
dans toutes les Sciences.

Quand M. BOERHAAVE eut éta-
bli que les nerfs étoient la bafe de tous
nos folides, il en vint bien-tôt à affûrer
qu'il n'y avoit aucune partie dans le
corps humain qui ne fut fenfible & ca-

pable d'un mouvement propre (3) , &
ce fyftème dont j'ai fait voir ailleurs (4)
l'inexactitude , a été admis prefque généralement.

Les parties du corps humain les plus
fimples , font les nerfs , les arteres , les
veines , les vaiffeaux d'un ordre inférieur , les membranes , les fibres muf-
culaires , tendineufes , ligamenteufes ,
offeufes , & la toile celluleufe.

Les parties plus compofées , font les
mufcles , les tendons , les ligamens , les
vifcères , les glandes , les grands refer-
voirs , les conduits excrétoires , & les
plus gros vaiffeaux fanguins.

De toutes ces parties , quelles font
celles qui font fenfibles ? c'eft ce que
l'on découvrira à l'aide des expériences
que je rapporterai dans la premiere partie de ce Mémoire. Pour les faire avec
fuccès , voici la méthode que j'ai fuivie.

J'ai pris des animaux vivans de differens genres & de differens âges ; après
avoir mis à nud la partie que je voulois
examiner , j'ai attendu que l'animal cef-

(3) Inftitut. Med. Nº. 301.
(4) *Commentar. in* PRÆLECT. BOERH.
loc. cit.

fant fes mouvemens & fes plaintes fut dans un état de tranquillité ; alors j'ai irrité cette partie, avec le foufle, la chaleur, l'efprit de vin, le fcalpel, la pierre infernale, l'huile de vitriol, le beurre d'antimoine. J'ai examiné attentivement, fi en touchant, en coupant, en brulant, en lacerant cette partie, l'animal perdoit fa tranquillité, s'agitoit, retiroit la partie bleffée : s'il venoit quelque convulfion, ou fi rien de tout cela n'avoit lieu. Quel qu'ait été l'événement de ces differens effais fouvent répétés, je l'ai rapporté exactement dans mes Mémoires. Que m'importe en effet, que la Nature décide d'une façon ou d'une autre ? & n'y auroit-il pas de la folie à hazarder la reputation d'obfervateur fidele & éclairé, pour un fait imaginaire, dont l'expérience la plus fimple prouveroit le faux à un autre Anatomifte qui voudroit le réiterer ?

Quelqu'ordre qu'on obferve cela eft affez indifferent ; ainfi je commencerai par les expériences qui regardent la peau : par rapport à l'épiderme, il eft bien démontré qu'il eft deftitué de tout fentiment, puifqu'on peut le bruler avec de l'efprit de nitre, jufqu'au point de lui donner une teinte jaune de durée, fans fentir la moindre douleur.

La difficulté qu'il y a à féparer la mucofité de MALPIGHI de l'épiderme, m'a empêché de la foumettre à des effais dont je n'avois pas befoin pour me perfuader de fon infenfibilité.

La peau eft fenfible, & c'eft de toutes les parties du corps celle qui l'eft le plus : de quelque façon qu'on l'irrite, l'animal crie, s'agite, & donne toutes les marques de douleur dont il eft capable. Cette grande fenfibilité de la peau, m'a déterminé à la prendre pour le degré fixe de la fenfibilité ; & j'établis comme peu fenfibles les parties qu'on peut irriter fans alterer la tranquillité de l'animal, pendant qu'il donne des marques de douleur, fi l'on irrite la peau du voifinage.

La graiffe & la toile celluleufe ne peuvent point caufer de douleur : c'eft un fait connu, démontré par d'autres, & qui le feroit fuffifamment par ce qu'on dit de *Denis le Tyran* & de quelques animaux, chez lefquels on peut enfoncer une éguille très profondément au travers des graiffes , fans qu'ils éprouvent de douleur , jufques-à-ce que la pointe touche les chairs (5).

La chair des mufc'es a de la fenfibilité , mais elle la doit aux nerfs qu'elle reçoit ; & fi l'on lie toutes les branches des nerfs qui fe diftribuent à un mufcle , il devient totalement infenfible , & l'on a beau l'irriter , l'animal ne donne aucun mouvement. L'on fait déja que tous les mufcles peuvent reffentir de la douleur , fans en excepter ceux qui font creux & très vaftes , tels que l'eftomach, les inteftins , la veffie.

Il n'en eft pas des tendons comme des mufcles , ils font incapables de tout fentiment & de toute douleur : c'eft un premier paradoxe que j'avance contre l'opinion commune , & qui n'a trouvé que peu de partifans. Les Auteurs les plus modernes, la FAYE (6), HEISTER (7), GARENGEOT (8) re-

(5) *Commentar*. BOERH. Tom. III. N°. 333. Not. *b*.

(6) Chirurgie de DIONIS, derniere édition, pag. 680, 681.

(7) Inft. Chir. , pag. 423. édit. de 1739.

(8) Operat. de Chir. Tom. III. ch. 7.

gardent les playes des tendons comme très dangereuſes & très difficiles à guerir. BOERHAAVE, ſon digne éleve VAN SWIETEN (9), ACREL (10), QUESNAY (11) ont adopté la mème idée.

La vérité que je propoſe avoit cependant déja été connuë. Job van MEKREN (12), Chirurgien très expert, dit, que les tendons ſont très peu ſenſibles, & il cite pour exemple celui de la rotule. BRYAN ROBINSON témoigne que dans un chien vivant, l'irritation des tendons ne parut pas fort douloureuſe, & que celle des muſcles l'étoit beaucoup plus (13). George THOMSON a remarqué que la léſion du tendon ne produiſoit aucun mouvement (14), & M. SCHLICHTING a vu la mème choſe dans l'homme & dans le chien. Mais ces Auteurs ne ſont

(9) Tom. I. n. 163. p. 238.
(10) Om Friskaſor p. 261. ſeqq.
(11) De la ſupurat. p. 222.
(12) Obſ. cent. p. 162.
(13) Animal Oeconom. p. 90.
(14) Anatom. of human bones. p. 170.

qu'en petit nombre , & ils n'ont fait que peu d'expériences.

J'ai ordinairement mis à nud le *tendon d'achille* ou celui des extenseurs droits du tibia. Je l'ai piqué dans cet état ; je l'ai coupé tranfverfalement & dans toute fon épaiffeur jufques à une partie & même à la moitié de fa largeur : enfin je l'ai coupé dans toute fa largeur jufques à la moitié de fon épaiffeur, c'eft la bleffure que M. BOERHAAVE redoute le plus. Depuis l'an 1746 j'ai répété plus de cent fois cette expérience fur des animaux de differens genres. Le fuccès a toujours été le même.

l'utilité de cette expérience eft de prouver, que fi l'on irrite les fibres mufculeufes, elles fe contractent ; qu'il n'en eft pas de même du tendon , & qu'on peut le piquer & le lacerer fans qu'il s'en fuive le moindre mouvement ou dans le tendon ou dans le mufcle ; tout comme généralement , la contraction du mufcle ne produit point celle du tendon : VILLIS s'en étoit déja apperçu (15), &

____

(15) De motu mufcular. p. 118. Confrontez les Oeuvres de BAGLIVI, p. 317.

je m'en fuis convaincu plufieurs fois.
L'on peut donc regarder comme démontré, qu'il n'y a dans le tendon aucun
organe de mouvement ni de fentiment.

L'animal dont on laceroit, bruloit,
piquoit le tendon , reftoit tranquille ,
fans donner la moindre marque de douleur ; & quand on le lâchoit, pourvû
que le tendon ne fut pas abfolument
coupé , il marchoit avec facilité & fans
peine. J'ai vu un chien à qui l'on avoit
percé dans le milieu , les deux *tendons
d'achille*, marcher à deux pieds ; & un
chevreau à qui j'avois coupé les mêmes
tendons à demi , fe promener librement.
Je gardai un autre chien qui n'avoit
d'entier que le tendon *foléaire* feul , &
dont ceux des mufcles *gaftrocnemiens* ,
apres leur fection , s'étoient retirés &
formoient des nœuds : Je ne remarquai
aucun fimptome extraordinaire. Aulfi
les playes des tendons font celles de toutes qui fe gueriffent avec le plus de facilité , fans aucun fecours & fans aucun
accident ; de façon qu'il n'y a rien d'é-
tonnant dans l'obfervation de M. de la
FAYE (16), qui a vu le tendon du

(16) Chir. de DIONIS, p. 681. Not. *a*.

biceps coupé fans que le mouvement du bras en fut alteré. L'on ne peut point blâmer Jean VESLING (17) & quelques autres, d'avoir hardiment recommandé la futurе du tendon, & M. BIENAISE de l'avoir hazardée, après en avoir fait l'eſſai fur un chien (18). M. ZIMMERMAN n'a trouvé aucun ſentiment dans l'aponévroſe de l'abdomen en la touchant avec de l'huile de vitriol (19).

Quand j'eus conſtaté ces faits, il me fut aiſé d'en découvrir la cauſe : c'eſt qu'il ſe diſtribue des nerfs dans les muſcles & non pas dans les tendons ; il y a longtems que Jerome FABRICE d'Aquapendente l'avoit avoué, en diſant, qu'avant que d'arriver au tendon ils s'épanouiſſoient en eſpece de membrane (20), & LEUWENHOEK avec ſes microcoſpes, n'a pu découvrir ſur les tendons que quelques filamens nerveux qui n'en paſſoient pas la ſurface (21).

(17) Epiſtol. poſth. à BARTHOLINO.
(18) VERDUC Operat. de Chirurg. c. 32.
(19) Diſſert. cit. p. 16.
(20) De Fabrica muſculor. p. 27.
(21) Epiſtol. Phiſiolog. p. 443.

Puis donc que dans l'homme il n'y a que les nerfs qui foient fufceptibles de fentimens, il eft très naturel que les tendons qui ne reçoivent point de nerfs n'en aient aucun ; & j'ai eu plus d'une fois occafion de m'en affurer, en examinant les tendons découverts. Un jeune homme avoit le tendon du *flechiffeur de l'index* à nud ; enhardi par mes eſſais fur les animaux, je le faifis avec une pincette, le malade ne fentoit pas même qu'on le touchât. J'ai vu arrofer le tendon du *fupinateur long* d'huile de therebentine chaude pour arrêter une hemoragie, la douleur étoit très vive dans la peau, mais le tendon fut arrofé fans que le malade s'en apperçut : auffi, depuis très longtems, les Chirurgiens regardent l'huile de therebentine chaude, comme un excellent remede dans les playes des tendons ; mais cette huile cauferoit certainement autant de douleur aux tendons qu'elle en caufe à la peau, s'ils étoient fenfibles.

Les bleffures des tendons de quelle nature qu'elles foient, ne doivent donc occafionner aucune crainte. La fection d'un tendon confiderable peut faire boi-

ter un malade, ou le priver de l'ufage
d'un membre fur lequel les mufcles n'ont
plus d'action, mais cet accident eft le
feul qu'on doive craindre ; quelques fois
même la nature y remédie tellement par
le fecours des mufcles voifins, ou par
une nouvelle toile celluleufe, que le
mouvement de cette partie fe fait avec
la même facilité qu'auparavant. J'ai vu
une nouvelle cellulofité bleuatre renai-
tre en peu de jours, & réünir les bouts
coupés du tendon d'achille dans un
chien. Dès qu'elle fut née, l'animal ne
fe fentit plus de fon malheur, & fauta
avec la même agilité qu'auparavant fur
les chaifes & les tables.

D'où peut donc venir cette erreur à
l'égard des playes des tendons, dans
laquelle tous les Auteurs, même les plus
refpectables & les plus éclairés, font généralement tombés ? Elle me paroit dépendre de ce que l'on a confondu la fi-
gnification du mot νευρον avec celles de
τενων & de συνδεσμος ; qu'ainfi on lui
a fait fignifier tout à la fois *nerf*, *ten-*
don & *ligament*, & que la bleffure du
nerf eft accompagnée (comme nous le
dirons

dirons tout-à-l'heure) de fimptomes très violens. Auffi je fuis perfuadé que c'eft à la bleffure du nerf *median*, ou peut-être quelques fois à celle d'une branche du *mufculo cutané* qui accompagne la veine mediane, qu'il faut attribuer les accidens qui furviennent aux faignées malheureufes, & qu'on attribue à la piquûre du tendon du *biceps*, qui fe trouve dans le même endroit. PARE' nous a laiffé la relation de l'accident qui arriva à CHARLES IX. C'eft auffi les grands nerfs qui fe diftribuent dans toute la longueur du doigt, & non point les tendons, qu'on doit regarder comme les caufes des fuites funeftes de quelques panaris, dont on a dès long-tems attribué le danger à leur fiege dans la gaine du tendon, comme GARENGEOT l'a encore fait depuis peu (1).

Les ligamens & les capfules des articulations, avoifinent les tendons ; les ligamens ont été compris fous le nom de νευρον, & les capfules font fameufes par le danger qu'on attribue à leurs playes,

____

(1) Operat. de Chirurgie, Tom. III. p 286, 301, 302.

& parce que d'habiles gens les ont regar-
dées comme le fiege de la goutte (2).

En voulant les foumettre à des expériences, j'ai trouvé une certaine difficulté, par la nécelfité de bien enlever la peau
dans les articulations étroites des petits
animaux ; & la difficulté de le faire fans
faire crier l'animal, quand on faifit la
peau avec les pincettes. Je l'ai cependant vaincue plufieurs fois, & les expériences ont très bien réulfi, même avec
des poifons. J'ai rempli l'articulation du
femur & du baflin d'un chat, avec de
l'huile de vitriol, fans que ce venin fi
actif, & que j'ai vu détruire dans une
minute toute la matrice d'une chienne,
parut lui occafionner aucune douleur,
au moins il ne fe plaignit point du tout.
En faifant ces expériences fur l'articulation du genou qui offre plus de facilité,
parce qu'elle eft prefque à nud, j'ai fouvent employé de petits batons trempés
dans l'huile de vitriol ou dans le beurre
d'antimoine, avec lefquels j'ai brulé les

___

(2) M. BOERHAVE *Aphor.* 1255. Il eft
vrai que ce grand homme admet aulfi les nerfs
comme fiege du mal.

ligamens lateraux, celui de la rotule, l'une & l'autre face de la capfule, & la glande d'*Havers*, fans que cela arrachât la plus petite marque de douleur à l'animal; & ces playes qui paffent pour fi dangereufes, fe guériffoient avec tant de facilité, que la feule falive des animaux fuffifoit pour les confolider, fouvent elles n'en avoient pas même befoin. Tous ces effais qui ont été réiterés fur des chiens, des chats & des chevreaux, juftifient l'obfervation de M. LA MOTTE (3), qui avoit trouvé infenfible le ligament extenfeur du tibia. Quelques fois j'ai, au lieu des cauftiques, employé une éguille, & j'ai eu plus de facilité à faire l'expérience. On fait une incifion du côté externe de l'articulation du genou, on met à nud la capfule, la rotule, le ligament qui va de cet os au tibia, & le ligament lateral interne ou externe; on racle avec un couteau la furface externe de la capfule & du ligament; on va, à l'aide d'une éguille ou d'un couteau pointu, piquer la face interne & l'articulation, de façon que la

(3) Chirurg. compl. N°. 365.

pointe refforte à travers la peau ; pendant toutes ces operations l'animal ne marque de douleur, que quand la pointe du couteau ou de l'aiguille, après avoir percé la capfule de l'articulation, touche à la membrane celluleufe.

Ce n'eft donc point à la capfule articulaire, dans laquelle il eft fi difficile de trouver des nerfs, & qui n'a point de fenfibilité, qu'il faut attribuer les douleurs aiguës de la goutte : leur véritable fiege eft dans la peau & dans les nerfs qui rampent fur fa furface interne, & la nature a voulu, bien à propos, que des parties expofées à un frottement continuel fuffent denuées de tout fentiment. Si les playes des articulations donnent quelques fois beaucoup d'embarras, il faut l'attribuer à l'humeur qui s'y fépare continuellement, & qui acquerant aifément une putridité rance, fait l'effet d'un venin, qui empêche la playe de fe fermer. Dans les chiens, autant que je m'en rappelle, elles fe font toujours confolidées fans difficulté.

Le périofte étant femblable aux ligamens & aux capfules, & ne formant même avec eux dans le fetus qu'une

même membrane épaiſſe, pulpeuſe, &
qui ſe continuant d'un os à l'autre, renferme entre deux l'articulation ; je n'ai
point été ſurpris de le trouver inſenſible,
dans les nombreuſes expériences que j'ai
faites ſur le tibia, le femur, le meta-
tarſe & le péricrane, qui eſt de la même nature que le périoſte.

Les Médecins, les Anatomiſtes (4)
& les Chirurgiens, qui, avec toute l'an-
tiquité, penſent differemment, voudront bien me pardonner d'être d'un
avis ſi oppoſé au leur, & differer de me
condamner, juſques-à-ce qu'ils ayent
comparé les expériences, qui ont donné
lieu à l'un & à l'autre ſyſtème. Cent
fois j'ai laceré, piqué, brulé le périoſte,
l'animal n'a jamais donné aucun ſigne
de douleur ; de petits chevreaux alai-
toient pendant ce tems-là : ſi je touchois
la peau, ils faiſoient des cris, & tom-
boient dans des convulſions.

Cette inſenſibilité du périoſte a déja

(4) WINSLOW, Traité des os frais N°.
60. CLOPTON, HAVERS, NESBIT human. oſteogen. p. 6. Phil. Ad. BOEHMER
oſteol. p. 31. DUVERNEY Traité des maladies des os, Tom II. p. 431.

été remarquée par M. CHESELDEN, & elle ne furprendra pas dans une partie où l'on ne trouve point de nerfs, où NESBIT (5) lui-même en a cherché inutilement, & où il n'en a établi d'invifibles, que pour expliquer la fenfibilité qu'il avoit primitivement attribuée à cette membrane. Car ceux qui rampent en abondance fur le péricrane, & qui ne viennent point de la dixieme paire, mais de la feconde & troifieme paire du col, & de la troifieme & cinquieme du cerveau, fe rendent à la peau de la tête, & lui communiquent leur fenfibilité.

L'on a difputé fur la fenfibilité des os; je n'ai aucune expérience fur cet article, & il y a beaucoup de difficulté à en faire d'exactes, par celle qu'on trouve à diftinguer les nouvelles douleurs qu'on pourroit produire, de celles qu'entraine néceffairement une operation auffi cruelle, que celle qu'il faut pour ouvrir les os. L'on connoit la fenfibilité des dents, mais la même raifon qui l'explique, me perfuade que les os n'en ont aucune,

(5) Loc. cit. ut fupra.

puifque ce font les nerfs qui la donnent aux dents, & que je n'ai jamais pu trouver aucun nerf, qui accompagnât l'artere & la veine à leur entrée dans l'os (6); s'il y en avoit, je les aurois découvertes dans mes nombreufes defcriptions des arteres, finon ailleurs, au moins dans la vafte & lice fuperficie interne du crane, & ils ne m'auroient pas échapé dans mes préparations des arteres nourricieres de tout le corps. Cependant D i- D i e r a écrit (7) que les os refous en fubftance molle, occafionnoient de vives douleurs; mais outre qu'il eft facile de fe tromper dans une maladie auffi terrible, M. I m b e r t témoigne le contraire (8); & j'ai vu faire l'operation du trepan à des hommes qui avoient toute la liberté d'efprit & l'ufage des fens, fans que la perforation du crane leur causât de la douleur.

D e v e n t e r (9), Amb. Pare' (10),

(6) Nervi ad offa nulli, R i o l a n Enchirid. Anatomic. Al. M o n r o loc. cit. p. 16.
(7) Anat. raif. p. 6, 7.
(8) Quæft. Medic. 12. p. 33.
(9) Van beenfiekten p 80.
(10) Adminiftrat. anatom. p. 83.

J. DUVERNEY (11), & presque tous les Auteurs s'accordent à dire que la moelle occasionne de vives souffrances, mais c'est sans fondement, puisqu'elle est de la nature de la graisse, & qu'elle ne reçoit aucun nerf.

La dure mere est une espece de périoste. PACCHIONI & BAGLIVI lui ont attribué une force égale à celle du cœur, le général des Médecins la regarde comme le siege de plusieurs maladies ; mais leurs idées ne changent point la nature éternelle des choses : j'ai prouvé ailleurs (12) qu'elle étoit, comme toutes les autres membranes du corps, composée de la toile celluleuse, & cette analogie a été confirmée par les expériences de M. ZINN (13), par celles de M. ZIMMERMAN (14), de M. CASTEL, & par les miennes propres, qui nous ont appris que cette membrane, si ressemblante à toutes celles à qui

(11) Mém. de l'Acad. des Scienc. 1700, p. 205.

(12) Prim. lineæ physiol. N°. XI.

(13) Exp rimenta circa corpus callos. cerebellum &c. Goett. 1749, p. 28 seq.

(14) Loc. cit. p. 6. &c.

elle donne naiſſance , pouvoit être brulée avec l'huile de vitriol , le beurre d'antimoine , l'eſprit de nitre ; ou coupée
avec un couteau , & déchirée avec des
tenailles , ſans que l'animal parut le
moins du monde ſouffrir. Mrs. ZINN
& MEKEL ont trouvé la même inſenſibilité dans la dure mere d'un homme, à qui la carie avoit ouvert le crane ;
& ſans doute les anciens Médecins,
CARDAN (15), & avant lui GALIEN,
ſe fondoient ſur l'expérience , quand ils
ont écrit, que l'on pouvoit , & que l'on
devoit employer pour la dure mere les
remedes les plus violens ; & l'Anatomie
comparée , qui l'a trouvée cartilagineu-
ſe dans les tortues , nous apprend bien
manifeſtement qu'elle eſt moins un muſcle qu'une enveloppe , deſtinée à ſervir
de rempart au cerveau (16).

Comment ſe pourroit-il , qu'une membrane auſſi inſenſible & auſſi immobile,
eut la force de renvoyer les eſprits au
cœur , & fut le ſiege des maux de tète,
de la phreneſie ou de la manie , à moins

(15) De Vulneribus capitis p. 139.
(16) Stephani LORENZINI Obſ.

qu'on ne veuille dire , que quand elle est
alterée , le cerveau par sa proximité doit
s'en ressentir ? Aussi les Chirurgiens François ont eu bien raison de s'hazarder à
la couper , toutes les fois qu'elle couvre
des épanchemens de pus ou de sang.

Qu'on me permette ici une digression
qui ne sera pas inutile. M. SCHLICH-
TING a écrit (17) que le cerveau étoit
mobile , qu'il s'élevoit & s'abaissoit alternativement , & il s'est extrèmement
emporté contre ceux qui refusoient de
le mettre dans le rang des parties du
corps humain , qui ont du mouvement.
Sûr, comme je l'étois , de la forte adhé-
sion de la dure mere au crane , & de la
totale plénitude de la boëte osseuse de la
tète , je ne pus m'empêcher d'admirer la
hardiesse avec laquelle cet Auteur soute-
noit le contraire ; je ne crus cependant
point devoir le combattre par des autho-
rités ou par des raisons *à priori* , & je lui
opposai les mêmes armes que celles avec
lesquelles il attaquoit , c'est l'expérience.
Je trépanai plusieurs chiens avec un coin
tranchant & un marteau , ce qui est

(17) Mémoir. préfentés , p. 114. & fuiv.

plus commode qu'un trépan , & decouvre une plus grande partie du crane. Je trépanai des chiens , des chevres , des rats , des grenouilles : le refultat de ces expériences fut toujours le même. Je vis ce mouvement alternatif que SCHLICHTING avoit obfervé ; le cerveau montoit dans l'expiration , defcendoit dans l'infpiration. Ce feul mouvement m'a fait faire plus de trente expériences avec M. WALSDORF, qui doit inceffamment publier un petit Ouvrage fur ce fujet (18).

J'aime trop le vrai, pour qu'une nouvelle découverte, quelqu'oppofée qu'elle foit à mes idées, me faffe de la peine ; mais ce qui m'en faifoit, c'étoit de ne point découvrir la raifon de cette correfpondance, entre les mouvemens du cerveau & celui de la refpiration ; & notre efprit s'impatiente à la vue d'un phénomene, qui paroit repugner à la raifon. Mais des expériences réiterées ont fait ceffer cette contradiction apparente. La dure mere & le cerveau n'ont de

(18) Il l'a publié en 1753 , depuis l'impreffion de cette Differtation.

mouvement que quand on a enlevé le crane, qui dans l'animal vivant & fain, y met un obſtacle total. M. SCHLICH-TING lui-même l'avoue (19), & le plus fouvent même l'on n'a pu apperce-voir ce mouvement dans le cerveau, qu'après avoir exactement rompu ou avec les doigts, ou avec quelque inſtru-ment, les adhéſions qui attachoient la dure mere au crane, & qui, tant qu'el-les fubſiſtoient, la rendoient abſolument immobile.

Il reſulte de tous ces faits, que puiſ-que cette correſpondance de mouvemens entre le cerveau & la reſpiration, n'a lieu que quand la dure mere eſt détachée du crane, & qu'elle ne l'eſt jamais dans un homme fain, on ne doit point la regarder comme réellement exiſtante. D'ailleurs elle ne feroit point particuliere au cerveau ; des expériences réiterées me l'ont faite remarquer dans toutes les groſſes veines, l'une & l'autre *cave*, les *fouclavieres*, la partie fuperieure de la *baſilique* & les *jugulaires*. Elles fe gon-flent toutes pendant l'expiration, & de-

____

(19) Ibid. pag. 116.

viennent d'un bleu foncé, & pendant
l'inspiration elles se vuident, s'aplatissent
& palissent. Le phénomene qu'a observé
M. SCHLICHTING, n'est donc, je
le repete, point particulier au cerveau,
& il dépend uniquement de la facilité
que le sang du ventricule droit, du cœur,
trouve à se repandre dans le poulmon
pendant l'inspiration, & de celle que les
gros vaisseaux veneux trouvent par là-
même à se vuider dans ce ventricule (20).
Dans l'expiration, au contraire, le poulmon comprimé ne peut pas recevoir le
sang du cœur, les grosses veines ne pou-
vant pas se vuider, se gonflent, & ce
gonflement s'étend jusques au cerveau
qui se trouve gorgé de sang, parce qu'il
ne peut pas se vuider dans les jugulaires (21). Je n'ignore point qu'en pro-
longeant volontairement l'inspiration,
on retarde le sang qui passe par le poulmon (22) ; mais dans l'alternative
ordinaire de la respiration, le sang n'en
entre pas moins avec plus de facilité dans

(20) Primæ Lineæ Physiol. N°. 292.
(21) Ibid. §. 297.
(22) Ibid. §. 294.

le poulmon pendant l'inspiration , quoique , dans l'état contre nature , lorsque
le poulmon est rempli de sang & que
le sang , faute d'expiration , ne peut pas
aller au ventricule gauche , il en resulte
une dilatation du ventricule droit , &
une stagnation dans les veines , presque
égale à celle qui accompagne naturellement l'expiration.

Qu'il me soit permis d'ajouter en deux
mots , que le sinus longitudinal ne bat
point , même après qu'on a enlevé le
crane , & que quand on le perce , le sang
n'en sort point par bonds , mais coule
uniformément comme quand on ouvre
les veines ; ce qui confirme la proposi-
tion que j'ai établie ailleurs (23) , que
les sinus du cerveau n'ont point de pouls.
C'est par la même raison que les petites
arteres qui vont de la dure mere au
crane , & dont la plus grande partie
prennent leur origine à la surface du sinus , peuvent être remplies d'injection ,
sans que celle-ci pénetre jamais jusques
dans le sinus même.

Les Médecins Italiens , & tous les au-

(23) Comment. ad Inst. B o e r h. Nº. 234.

tres qui nient l'exiſtence des eſprits animaux, GOHL ſurtout, conçoivent les
nerfs comme des cordes tendues, que
les impreſſions des objets mettent en
mouvement, & qui communiquent leurs
vibrations aux meninges qu'ils regardent
comme l'organe des ſenſations : j'ai re-
futé cette théorie par pluſieurs argumens, & je vois que non ſeulement ils
ont plu à M. FLEMYNG (24), mais
que les ſectateurs les plus modernes de
l'Oyaniſme admettent les eſprits, comme
M. WHYTT.

Il y a cependant encore un Argu-
ment qui prouve plus demonſtrative-
ment, que la faculté de ſentir, quelle
qu'elle ſoit, ne reſide point dans les
membranes des nerfs. Déja par rapport
à la dure mere, je ſuis entierement convaincu, quoique pluſieurs Anatomiſtes
le penſent autrement, qu'elle ne forme
point l'enveloppe extérieure des nerfs :
mais il reſte la pie mere qui entoure effectivement chacune des fibres medullai-
res, qui ſont ſi déliées, qu'il y en a

(24) Of the Nature of the nervous fluid,
London 1751. 8°.

près de cent dans le tronc d'un des ra-
meaux de la cinquieme paire : il ne faut
donc que prouver que cette pie mere
n'eſt pas ſenſible, pour renverſer le ſiſte-
me que je combats , & pour demontrer
que la ſenſibilité appartient à la ſubſtance medullaire des nerfs.

J'ai mis à nud la pie mere , en en-
levant une partie du crane & la dure mere correſpondante ; je l'ai touchée avec
du beurre d'antimoine (on doit le préfe-
rer dans ce cas à l'huile de vitriol , qui
conſume trop promptement les membranes , & il eſt preſque impoſſible de la
piquer avec un couteau ſans piquer auſſi
le cerveau). Il s'eſt formé une eſcare ,
la pie mere a été brulée , ſans que l'a-
nimal ait fait la moindre plainte , ait eu
la moindre agitation , ou le plus petit
mouvement convulſif. Dès que je touchois le cerveau , de quelque façon que
je le fiſſe , de violentes convulſions ſaiſiſ-
ſoient ſur le champ l'animal , & cour-
boient ſon corps en forme d'arc.

L'inſenſibilité des meninges & du périoſte fait préſumer celle des autres membranes ; & les nombreuſes expériences
que

que j'ai faites avec beaucoup de foin fur le péritoine féparé des mufcles droits, fur la pleure féparée des intercoftaux & des nerfs, fur le péricarde mème, ont réalifé cette conjecture; les animaux n'ont jamais donné aucun figne de fentiment dans ces parties. Le célebre M. STORCH, à ce qu'il paroit par le Journal de la maladie dont il eft mort, ne fentit rien, quand, en lui faifant la paracentefe, le trois-quart perça le péritoine.

Il y a d'habiles gens qui attribuent à l'irritation de la pleure les vives douleurs de la pleuréfie, & dont le fiftème eft contraire à mes expériences. Mais je ne puis rapporter, que les faits que j'ai vû.

L'on ne fera pas étonné que je refute bien des explications pathologiques : M. BOERHAAVE a cru il y a long-tems, que dans l'infpiration, la pleure fe trouvoit plus lache, parce que les côtes s'approchant, les intervalles qui les féparent devenoient plus petits, & qu'au contraire dans l'expiration, cette membrane étoit plus tendue, parce que les côtes s'écartoient les unes des autres. Cependant c'eft dans le tems de l'infpiration, c'eft-à-dire, de la moindre diften-

tion de la pleure, que les pleuretiques
souffrent le plus : auſſi ce grand homme
ne mettoit pas le ſiége de cette maladie
uniquement dans la pleure, il y joignoit
l'inflammation des muſcles, qui ſervent à
rapprocher les côtes. Il ſuffit ſelon moi
pour expliquer ce phénomene, que les
nerfs qui ſont entre les côtes, ſoient
dans un état de ſouffrance.

Le médiaſtin qui eſt ſi délié, & ſi ſem-
blable à l'omentum, eſt dans le même
cas que la pleure ; toutes ces membranes
ſont de la nature de la toile celluleuſe &
ne reçoivent aucun nerf, elles ne doivent donc avoir aucun ſentiment.

Les arteres & les veines ne paroiſſent
pas ſuſceptibles de douleur ; mais les
nerfs qui les accompagnent, & dont l'irritation donne de la douleur à l'animal, ne
permettent pas de s'en aſſûrer aiſément.
La ſenſibilité qu'on pourroit trouver aux
membranes des carotides, des linguales,
des temporales, des pharingienes, des
labiales, de la thiroïde & de l'aorte près
du cœur, dépend des nerfs que j'y dé-
montre ordinairement, & qui ne paroiſſent pas s'étendre plus loin ; là où il ne
ſe trouve plus de nerfs les arteres ſont

fans doute dénuées de fentiment, je les
ai fait lier plufieurs fois très fortement,
même fur les hommes, fans qu'ils fe
plaigniffent. Pour les membranes internes de l'eftomac, des inteftins, de la
veffie, des uretéres, du vagin, de la
matrice, comme elles ne font que des
continuations de la peau, on fent qu'elles doivent avoir la même fenfibilité.

Celle du cœur, dont je ne me fuis point
convaincu par moi-même, mais qui eft
affûrée par d'autres auteurs, n'eft point
étonnante ; c'eft un mufcle qui reçoit
des nerfs. Si je ne l'ai pas découverte moi
même, c'eft qu'il étoit très difficile, au
milieu des douleurs qu'éprouve l'animal,
à qui on a ouvert la poitrine, de diftinguer celles qui pourroient dépendre d'u-
ne légére irritation de plus.

Je me fuis affûré par un grand nombre
d'expériences que les vifcères proprement
dits, le poulmon, le foye, la rate, les
reins, n'ont point de fentiment, ou n'en
ont qu'un bien foible : je les ai irrités,
j'y ai planté le fcalpel, j'en ai coupé des
morceaux, fans que l'animal parut le
fentir. M. ZIMMERMAN a vu
la même chofe. C'eft cette infenfibilité

qui fait que les ulceres du poulmon, des reins & du foye, ne font pas accompagnés de douleurs, & qu'on porte une pierre dans les reins pendant plufieurs années fans le favoir.

Si l'on objecte qu'il y a des nerfs dans ces vifcères, je repondrai, que je ne prétends pas qu'ils foient privés de tout fentiment, mais feulement qu'ils n'en ont qu'un très foible, tel qu'on peut le trouver dans une partie, qui n'a que très peu de nerfs relativement à fa maffe. Car tous les vifcères ont de grands vaiffeaux & de petits nerfs, même le foye, mais furtout la rate & les reins.

Les glandes reçoivent fouvent quelques nerfs qui leur procurent un fentiment généralement affez foible, ce qui rend les fchirres & les tumeurs enciftées fi indolentes. Et il eft bien furprenant, que depuis peu M. DU BORDEU, cenfeur affez vif des écrits des autres, ait pofé comme axiome, que les glandes recevoient beaucoup de nerfs, & ait fondé là deffus un fiftème, pour expliquer le mécanifme de leurs fonctions, dans lequel il prétend, que ce n'eft point la compreffion mais l'irritation, qui fait qu'elles déchargent leurs liqueurs. Il est cependant aisé de prouver , que le thymus & les glandes les plus considerables , ne reçoivent aucun nerf qui soit connu ; que ceux qui vont à la thiroïde sont de beaucoup plus petits que ceux d'un muscle dix fois plus petit que cette glande , & qu'il n'y en a aucune dans le corps, dans laquelle on puisse démontrer un nerf un peu considerable. D'ailleurs, que l'on ouvre la bouche lors même qu'on n'a aucun appetit, on verra saillir un ruisseau de salive par la seule compression du digastrique : du bois que l'on mache , en est fort bien arrosé.

Les mammelles sont cutanées & garnies de beaucoup de nerfs. Le pénis qui est aussi cutané , & qui reçoit plus de nerfs qu'aucune autre partie du corps d'un volume égal , a une sensibilité proportionnée. La langue qui a aussi beaucoup de nerfs , est douée d'un sentiment plus vif & plus délicat que le tact , & qui forme le goût. L'on peut juger de la sensibilité de l'œil & surtout de la rétine, par l'irritation & l'inflammation qu'elle éprouve par une lumiere éclatante ; la choroïde & l'iris paroissent aussi être sensibles;

je n'ai jamais pû voir des nerfs dans la cornée qu'on perce sans aucune douleur: & ce qui me perfuade que l'iris eft beaucoup moins fenfible que la rétine, c'eft que fi après avoir percé la cornée, on l'irrite avec l'aiguille, elle ne fe contractera point, au lieu qu'elle le fait à la moindre augmentation de lumiere; preuve évidente que cette contraction ne dépend point de fa propre fenfibilité, mais de celle de la rétine. La goutte fereine fert encore à prouver la même chofe, l'iris n'y eft point alterée, & elle perd pourtant tout mouvement, dès que la paralifie du nerf optique, a détruit le fentiment de la rétine.

Les nerfs qui font la fource de la fenfibilité, en ont eux mêmes une très grande; l'on ne peut fe repréfenter qu'après l'avoir vû, l'état de douleur & d'anxieté dans lequel on met un animal en touchant, en irritant, ou même en liant quelque nerf. L'expérience m'a appris, qu'en liant quelque rameau confiderable, non feulement de la huitieme paire, mais même des extrêmités, des chiens périffoient au bout de quelques jours; ce qui m'a fait craindre encore plus qu'auparavant ces ligatures des nerfs ſi ordinaires dans les amputations. Le nerf coupé & irrité au deſſous de la ſection, n'a point occaſionné de ſenſation à l'animal, preuve que la douleur ne ſe propage pas par anoſtomoſe d'un nerf à l'autre.

Nous avons vû que les parties ſenſibles du corps, ſont celles qui reçoivent des nerfs, & les nerfs eux mêmes ; en interceptant la communication entre une partie & ſon nerf, on la prive ſur le champ du ſentiment, c'eſt un fait prouvé par des expériences connuës, & qu'on peut voir dans mes Commentaires ſur BOERHAAVE. Il n'y a donc que les nerfs de ſenſibles par eux-mêmes, & toute leur ſenſibilité réſide dans la partie médullaire, qui eſt la ſubſtance interne du cerveau, à laquelle la pie mere fournit une enveloppe.

SECTION SECONDE.

Je viens à l'Irritabilité, elle eſt ſi différente de la ſenſibilité, que les parties les plus irritables ne ſont point ſenſibles, & les plus ſenſibles ne ſont point irritables. Je prouverai l'une & l'autre de ces

propofitions par des faits, & je démon-
trerai en même tems, que l'Irritabilité ne
dépend point des nerfs, mais de la fabrique primordiale des parties qui en
font fufceptibles.

D'abord les nerfs, ceux mêmes qui
font l'organe de toutes les fenfations,
n'ont aucune irritabilité. Cela paroîtra
étonnant, mais cela n'eft pas moins vrai.
Si l'on irrite un nerf, le mufcle auquel
il fe diftribue, entre fur le champ en
convulfion. Je n'ai jamais vû manquer
cette expérience, & j'ai fouvent fait entrer en convulfion, par ce moyen, le
diaphragme & les mufcles de l'abdomen
dans un rat, & les jambes de devant ou
de derriere, dans une grenouille. L'on
peut voir les expériences concordantes
de SWAMMERDAN, & en les faifant j'ai trouvé, comme M. OEDER
que l'irritation d'un nerf, ne communique de mouvement qu'aux mufcles auf-
quels le nerf va fe rendre, & qu'elle n'é-
branle point ceux qui tirent leurs nerfs
d'ailleurs.

J'ai auffi remarqué conftamment,
que la convulfion du mufcle n'avoit lieu,
que quand on irritoit le mufcle avec un

ſcalpel , & point quand on employoit les corroſifs.

Mais ſi l'on irrite les fibres nerveuſes répandues dans le muſcle , il n'arrive point de contraction dans le nerf. Je m'en ſuis aſſûré pluſieurs fois dans les chiens & ſur tout dans les grenouilles ; quelque irritation que j'aye donné au muſcle , elle n'a jamais communiqué de mouvement au nerf.

J'ai fait enſuite la même expérience que M. Z I N N a fait à Berlin , j'ai appliqué un inſtrument de mathematique , diviſé en très petites parties , le long d'un long nerf d'un chien vivant , de façon qu'il me fit appercevoir les plus petites contractions ; dans cet état j'ai irrité le nerf , il eſt reſté parfaitement immobile.

Ces expériences prouvent , pour le dire en paſſant , que la force d'oſcillation qu'on avoit attribuée aux nerfs , n'eſt pas conforme à l'expérience.

La peau qui eſt le ſiége du tact , les membranes nerveuſes de l'eſtomac , des inteſtins , de l'uretre , n'ont aucune irritabilité , & il faut bien prendre garde de ne pas confondre avec cette proprieté , une eſpece de mouvement vermiculaire

dû à la corrofion que l'huile de vitriol,
ou l'efprit de nitre, communiquent aux
nerfs, aux arteres, à la membrane de
la veſfie, à la veſicule du fiel. Cette corrofion n'a rien de commun avec la vie, elle
fubſiſte vingt quatre heures après la mort,
& cela prouve évidemment, qu'elle n'eſt
point une fuite du fentiment.

L'Irritabilité n'eſt point non plus proportionnée à la fenfibilité, l'eſtomac eſt
extrèmement fenfible, les inteſtins le
font moins, auſſi n'éprouvent-ils pas
d'auſſi vives douleurs dans un homme
vivant, & cependant je les ai trouvés
plus irritables que le ventricule. Le cœur
qui eſt extrèmement irritable, n'eſt que
peu fenfible, & en le touchant dans un
homme qui a fes fens, on lui procure plutôt un évanouiſſement que de la douleur.

De ce qu'une partie du corps eſt fenfible, on ne peut point conclure qu'elle
foit irritable, & la diffeétion d'un nerf
qui détruit la fenfibilité, ne détruit point
l'irritabilité. J'ai repeté pluſieurs fois l'expérience de BELLINI, avec un fuc-
cès un peu different de ce qu'on le dit ordinairement ; pour cela je faiſis le nerf
phrénique d'un animal vivant, ou mort

depuis peu , car il réüſſit également ;
cette compreſſion irritant le nerf , met
le diaphragme en mouvement ; ſi je lie
le nerf , la même choſe arrive ; ſi je le
coupe & que je l'irrite en deſſous de la
ſection , où il n'y a plus de ſentiment ,
parce qu'il n'y a plus de communication
avec le cerveau , le diaphragme entre é-
galement en convulſion. En coupant le
nerf crural d'un chien , on prive ſa jambe de tout ſentiment , & on peut la de-
chiqueter ſans le faire ſouffrir , cependant ſi l'on irrite le nerf que l'on a coupé , les muſcles de la jambe frémiſſent
encore ; cette jambe eſt donc irritable
quoi qu'elle ſoit inſenſible.

On a trop embelli cette expérience.
Il eſt vrai que la preſſion & l'irritation du nerf , met le diaphragme en
mouvement , mais cela a également lieu,
ſoit qu'on preſſe le nerf du haut en bas
ou de bas en haut , l'expérience réüſſit
mieux , ſi le nerf eſt tendu que s'il eſt lâ-
che. Si l'on preſſe le nerf & qu'on l'irrite au deſſus de la compreſſion , de quelque façon qu'on l'irrite , il n'en reſulte
aucun mouvement dans le diaphragme ,
& c'eſt à faux que Frederic ORTLOB

a écrit, qu'il entroit en mouvement, quand on dirigeoit en deſſus la compreſſion du nerf, & qu'il ceſſe (1) lorſqu'on fait gliſſer le doigt vers le haut de la poitrine.

Enfin j'ai lié dans de petits animaux, les troncs des nerfs qui vont aux extrèmités : jay rendu par là ces extrèmités inſenſibles & paralitiques, j'en ai enſuite irrité les muſcles, & j'ai vu qu'ils ſe contractoient comme auparavant, quoiqu'ils ne fuſſent plus ſoumis à l'empire de l'ame.

J'ai fait des expériences ſemblables ſur les parties ſéparées du corps. Les inteſtins dans cet état, privés de tout commerce avec le cerveau, conſervent leur mouvement périſtaltique ; & ſi on les touche avec un couteau ou avec des corroſifs, ils offrent les mêmes phénomenes, que s'ils étoient dans leur ſituation naturelle, & qu'ils conſervaſſent leur liaiſon avec les nerfs & le cerveau (2). L'on obſerve la même choſe dans le cœur, & dans un muſcle coupé quelconque (3).

(1) Præfat. ad anatom. ration. D AN. T AU I.

(2) WOODWARD, Supplement. pag. 76.

(3) ZIMMERMAN, pag. 19.

Dans une anguille , le cœur continue pendant des heures entieres ſes mouvemens avec la plus grande regularité , quand même il eſt arraché de la poitrine.

Je crois qu'on convient, qu'un animal ſent lorſque l'ame perçoit l'impreſſion de quelque objet étranger ; l'on ne ſoupçonnera donc pas de ſentiment dans une partie du corps qu'on a ſéparée du reſte, ou à laquelle par la diſſection du nerf , on a ôté toute communication avec le cerveau. En ſoutenant qu'il n'y avoit dans notre corps de mouvement que par l'ame , M. WHYTT s'eſt trouvé reduit à admettre la diviſibilité de l'ame, qu'il croit ſéparable en tout autant de parties que le corps (4). J'ai réiteré bien des fois l'expérience dont je viens de parler : J'arrache le plus promptement qu'il m'eſt poſſible les inteſtins , je les coupe en quatre ou huit pieces , elles rampent toutes périſtaltiquement , & ſe contractent par quelque irritation qu'on y excite. WOODWARD avoit dejà fait les mêmes expériences ſur les inteſtins (5), BAGLIVI ſur le

(4) L. C. p. 383.
(5) L. C. pag. 80.

cœur d'une grenouille (6), & avant eux tous M. A. SEVERIN (7). J'ai vû le cœur divifé en plufieurs petites parties, & chacune fe mouvoir fur la table. M. LUPS (8) a trouvé dans les membranes de l'œuf, une irritabilité qu'elles ne tirent pas du nerf, puifqu'il n'y en a point, mais je n'ai point d'expérience à moi fur cet article. Je trouve que BAGLIVI a employé les mèmes argumens pour établir l'exiftence de l'irritabilité dans les folides (9), & nous devons bien prendre garde, à ne pas employer l'analogie des infectes, qui font irritables & fenfibles par tout (10).

L'ame eft cet ètre qui fe fent, qui fe repréfente fon corps, & par le moyen du corps toute l'univerfité des chofes. Je fuis moi & non pas un autre, parce que ce qui s'appelle moi, éprouve du changement dans toutes les variations qui arrivent au corps, que ce moi appelle le fien. S'il y a un mufcle, un inteftin,

(6) De fibra motrice p. 7.
(7) Vipera pythia pag. 1·9.
(8) L. C. pag 34.
(9) De fibra motrice & morbofa pag. 7.
(10) Theolog. des infect. t. 2. pag. 84. 85.

dont les changemens faſſent impreſſion ſur une autre ame que la mienne, & non pas ſur la mienne, l'ame de ce muſcle n'eſt pas la mienne, elle ne m'appartient pas. Mais un doigt coupé de mon corps, un morceau de chair enlevé à ma jambe, n'a aucune liaiſon avec moi, je ne ſens aucun de ſes changemens, ils ne peuvent me faire éprouver ni idée ni ſenſation; il n'eſt donc point habité par mon ame, ni par quelqu'une des parties de cette ame; s'il l'étoit je ſentirois ſes change-mens : je ne ſuis point dans cette jambe, elle eſt entierement ſéparée, & de mon ame, qui eſt reſtée dans tout ſon entier, & de celles de tous les autres hommes. Son amputation n'a pas porté la moindre atteinte à ma volonté, elle reſte très en-tiere, mon ame n'a rien perdu de ſes for-ces, mais elle n'a plus d'empire ſur cette jambe, & cependant elle continue à être irritable; l'irritabilité eſt donc indépen-dante de l'ame & de la volonté.

Ces expériences prouvent encore, que toute la force des muſcles ne dépend pas des nerfs, puiſqu'après qu'on les a liés ou coupés, les fibres muſculaires ſont encore capables d'irritabilité & de con-

traction ; & un jour, peut-être, l'on
reduira l'usage des nerfs, par rapport aux
mufcles, à leur porter, de quelque façon
que la chofe fe faffe, l'impreffion des volontés de l'ame, & à augmenter cette
tendance naturelle, que les fibres ont
dejà par elles mêmes, à fe contracter.

Mais je reviens a l'hiftoire des expériences, par lefquelles j'ai trouvé quelles font les parties du corps humain qui
font irritables, & dans quel degré elles
le font.

J'ai exclu la peau. Le tiffu cellulaire
avec la graiffe, que devore fi avidement
l'huile de vitriol, eft reconnue pour immobile d'un aveu général, à moins d'u-
ne irritation extrêmement forte. Ainfi ni
le poulmon (quoique les violens acides
le faffent entrer en contraction) ni le
foye, ni les reins, ni la rate, n'ont aucune irritabilité ; parce qu'ils font com-
pofés du tiffu cellulaire, qui, comme je
viens de le dire, n'en a point, & de vaiffeaux qui en font également dénués.

Ce caractère d'irritabilité, me paroit
même être ce qui diftingue la fibre celluleufe de la fibre mufculaire, avec laquelle
elle

elle a tant de rapport, qu'on les confond même tous les jours, comme il paroit par l'exemple du dartos, que tant de gens regardent encore comme une membrane musculaire, & par celui de la capsule de GLISSON, & du ligament grèle de l'uterus, où, bien des anatomistes s'obstinent à trouver des fibres musculaires.

L'Irritabilité du tissu cellulaire est précisément la même, que celle des fibres de chair morte ; quand on la touche elle cede, si on la presse elle se plie, si on l'abandonne elle se remet, si on la coupe elle se retire de part & d'autre, & laisse un vuide. Mais la fibre musculaire, si on l'irrite dans le vivant avec un couteau ou par les corrosifs, s'accourcit ; ses extrèmités se rapprochent, bientôt elle se relâche, & ces alternatives de constriction & de relâchement subsistent pendant quelque tems.

Les tendons sont aussi peu irritables qu'insensibles ; aucune irritation faite avec le couteau, ou avec un corrosif doux, ne peut les faire entrer en convulsion, ni mouvoir le muscle d'où part le tendon irrité. Si l'on tire une forte étincelle électrique des tendons, le célebre M. JALABERT a obſervé, que les autres parties du corps les plus ſolides & les plus dures, en donnoient également de très vives.

Les ligamens, le périoſte, les méninges & toutes les membranes, étant compoſées de la toile celluleuſe, ſont deſtituées d'Irritabilitè : & ces expériences peuvent ſervir à diſſuader ceux qui ont cru voir des fibres charnues, dans la dure mere & dans le péricarde : qu'on perce ces membranes, qu'on les brule, qu'on les pique, l'on ne peut y remarquer aucun mouvement ſenſible. J'ai répeté cent fois cette expérience, cent fois, auſſi bien que MM. ZINN, WALSTORF, CASTEL, OEDER & d'autres encore, nous avons toujours eu le même ſuccès.

La membrane muſculaire des arteres, & la néceſſité de trouver une raiſon de leur contraction, qui alterne perpétuellement avec celle du cœur, ont perſuadé qu'elles étoient irritables, & l'on ſait que MM. de SENAC & WHYTT, ont regardé cette irritabilité comme eſſentielle aux arteres. Le premier de ces auteurs la prend pour une cauſe de la circulation, plus efficace que le cœur même ; & j'a-

voue que ce fiftème n'eft pas fans vrai-
femblance. Les inteftins dont le mouvement périftaltique fait avancer les liqueurs qu'ils contiennent, l'artere principale des vers à foye qui fait l'office de
cœur, les animaux à qui l'on a coupé
ce vifcère, & chez qui la circulation
fe continue quelque tems par la feule force des arteres ; enfin les inflammations
locales que les irritans occafionnent, for-
ment autant d'analogies, qui réüniffent
les preuves de ce fiftème. En examinant
avec le microfcope le fang dans un poiffon & dans une grenouille, auxquels on
avoit arraché le cœur, le fang continua
encore pendant quelque tems à fe mouvoir dans les vaiffeaux, & je vis le fang
aller & venir dans les vaiffeaux d'un petit poiffon, qui n'avoit plus de mouvement dans le cœur & dans les narines,
& qui ne donnoit plus aucune marque de
fenfibilité.

Cependant tous ces faits ne prouvent
point encore l'Irritabilité des arteres ;
irritez l'aorte d'un animal quelconque,
intérieurement ou extérieurement, avec
les inftrumens ou les corrofifs, l'efprit de
nitre fumant, vous n'appercevrez aucun

mouvement, feulement l'huile de vitriol
y produira ce refferrement, dont j'ai parlé
plus haut, & qui a également lieu plufieurs
heures après la mort. Dans les grenouilles
j'ai fouvent irrité les arteres avec de l'alcohol, de l'efprit de nitre, & d'autres liqueurs acres, je les obfervois attentivement pendant ce tems-là avec le microfcope, je n'y pûs démêler aucun mouvement, quoique le fang qu'elles conte-
noient, fe changeat en bouïllie épaiffe
de couleur de terre.

De plus, dans les animaux, dont j'ai
examiné la circulation avec le microfcope, je n'ai jamais remarqué que les arteres fe contractaffent. J'ai vû la circulation continuer pendant des heures entieres dans des poiffons & des grenouilles ;
pendant tout ce tems là les parois des
vaiffeaux reftoient auffi immobiles, que
celles du tube, avec lequel je les confide-
rois ; & fi le poulx de l'artere eut occafionné quelques mouvemens dans la veine voifine, il n'eut pas échapé au microfcope. Par rapport à l'obfervation que
rapporte de HEIDE (1) qu'en cou-

(1) Obferv. 35.

pant l'artere d'une grenouille, elle fe contraƈte au point de fe boucher entiére- ment, j'ai vû très fouvent le contraire, la feƈtion conferve fa figure & refte très immobile, fans s'élargir ou fe diminuer.

Ainfi quoique je ne nie pas abfolu- ment l'Irritabilité des arteres, je ne vois point que ces expériences l'établiffent. Je ne l'accorderai pas avec plus de facili- té dans les veines; j'y trouve bien, à la vérité, un mouvement qui dépend de la refpiration, & j'ai fréquemment obfer- vé, fur tout dans les animaux froids, celui de la veine cave qui fe contraƈte près du cœur, & chaffe dans l'oreillete le fang qu'elle contient. Je fai auffi, que fi l'on touche les veines avec quelque cor- rofif extrèmement acre, comme l'efprit de vitriol, ou l'efprit de nitre fumant, elles fe contraƈtent d'une façon beaucoup plus fenfible que les arteres, & chaffent le fang, comme je l'ai vû dans un che- vreau & dans un chat. Mais comme ni un fcalpel, ni des corrofifs médiocres ne produifent point ce changement, & qu'il n'y a aucun corrofif de cette force parmi les liqueurs humaines, je regarde leur Irritabilité comme nulle , ou au moins comme bien foible.

Si l'on touche les vaiſſeaux lactés avec l'huile de vitriol , ils ſe reſſerrent & ſe vuident , & ce qui prouve qu'ils ont une irritabilité conſiderable , c'eſt que quelques remplis de chile qu'ils ſoient à l'heure de la mort , il ſe vuident abſolument & ſe contractent ſi fort , qu'on ne peut plus y découvrir aucune cavité.

Les differens conduits excrétoires n'ont pas plus d'Irritabilité que les veines. La véſicule du fiel , le canal choledoque , les ureteres , l'urethre , ſe reſſerrent quand on employe un corroſif extrèmement acre , un foible n'y produit point de changement. L'uretère n'eſt point même irrité par l'huile de vitriol , tant il eſt peu muſculaire , auſſi l'on n'a jamais pû démontrer , qu'il fut compoſé de fibres charnuës.

Je me ſuis aſſûré par une expérience , de la nature de la veſſie , en la piquant avec un ſcalpel , ou avec une aiguille dans un chien à demi mort , je l'ai vûë , non pas toujours , mais très ſouvent ſe reſſerrer conſiderablement , & chaſſer l'urine par l'ouverture du bas ventre ; je l'ai vûe même fe refferrer naturellement après la mort, & fe vuider de toute l'urine qu'elle contenoit, obfervations dejà faites par WEPFER, & que j'avois ci-devant citées d'après lui (2).

Le larmoyement que les irritans produifent, l'écoulement de mucus, qu'une injection un peu acre dans l'urèthre procure, prouvent que les glandes & les finus nucqueux dans l'homme, font irritables, je n'ai rien remarqué de femblable dans les animaux vivans.

L'uterus des quadrupedes eft irritable, & fe meut d'une façon au moins auffi fenfible que les inteftins, foit qu'il tienne encore au corps, foit qu'on l'ait coupé. La forte contraction de la matrice humaine, qui procure l'accouchement, & qui fe fait fentir fi manifeftement à ceux qui y portent la main, en prouve l'Irritabilité, & c'eft ce qui a déterminé R u i s c h à abandonner, comme on fait, la fortie de l'arriere faix à la nature.

L'Irritabilité des parties génitales paroit être d'une nature particuliere, en ce que les idées voluptueufes font l'aiguil-

(2) De cicuta aquatica pag. 250.

lon le plus propre à les mettre en mouvement. Elle reſſemble cependant à celle des autres parties, en ce qu'elle ſe met en jeu & produit l'érection, ſi elle eſt excitée par une abondance d'urine, de ſémence, par l'acreté des cantharides, ou par celle du virus d'une gonorrhée. Irritation dont l'effet eſt toujours de reſſerrer les veines, & de retarder le mouvement du fluide qu'elles contiennent. M. WHYTT a cru que l'érection dépendoit d'un plus grand afflux du ſang artériel, & paroit avoir ignoré, qu'elle a lieu, ſi on lie la verge, & que dans le paraphimoſis, le ſerrement du prépuce, occaſionne un prodigieux gonflement dans le gland, quoique dans l'un & l'autre cas on ne puiſſe pas ſoupçonner un plus grand afflux du ſang artériel.

Tous les muſcles ſont irritables ; je n'en connois aucun, qui ne palpite naturellement après la mort, ils ſe tendent & ſe relâchent alternativement ; je l'ai obſervé ſur le temporal, le pectoral, les ſternocoſtaux, les muſcles droits de l'abdomen, le cremaſter, le ſphincter de l'anus ; M. WHYTT (3) l'a vû dans

______
(3) Pag. 93.

ce dernier mufcle, d'autres dans d'autres parties du corps humain ; & j'ai fouvent remarqué, avec plaifir, par rapport aux fternocoftaux, quand on avoit coupé le fternum, qu'ils confervent affez de force, pour courber les cartilages des côtes & les fléchir en dedans. Ils confervent quelques fois leur Irritabilité plus long-tems que le diaphragme. Les chairs des animaux en général palpitent naturellement après leur mort, & c'eft un fait connu généralement & de tout tems (4) ; il eft aifé, quand elles ont fini ce mouvement, de le reproduire, en irritant ou le nerf qui va au mufcle, ou le mufcle lui même avec un fcalpel, ou avec les corrofifs. M. ZIMMERMAN a fait là deffus (5) les mèmes expériences que moi. WOODWARD (6) en a fait fur les mufcles des bœufs. CROONE

(4) HIGHMOR, difquifit. anatom. pag. 137. B. LANGRISH de motu mufcul. pag. 51. WOODWARD, pag. 74. PARSONS de motu mufcul. pag. 68. W. CROOINE, de motu mufcul. pag. 10. MAZINI de mechanic. medic. pag. 13. HUGHES *of Barbad.* pag. 309.   (5) Pag. 19.
(6) Pag. 73. 74. 75. & 76.

(7) fur un mufcle du femur humain,
qu'il toucha avec une liqueur acre, &
M. BREMOND (8) fur une grenouille, M. OEDER (9) a vû les mufcles
entrer dans une violente convulfion,
quand on les touchoit avec du fel. Il importe même peu que le nerf foit entier
& communique avec le cerveau, ou qu'il
ait été coupé (10). Dans l'un & l'autre
cas la fibre mufculaire fe contracte, fes
extrémités fe rapprochent, & la fuccef-
fion de fes mouvemens, repréfente une
efpece d'ondoyement fur la furface du
mufcle. En examinant dans une grenouille, avec un microfcope, ce mufcle ainfi agité, l'on n'en voit point fortir de fang, & la circulation s'y fait également bien. Il n'y a aucun animal dont
les mufcles paliffent pendant qu'ils font
en action, & j'ai averti, il y a long-
tems, que la paleur que HARVEY a
vû dans le cœur pendant fa contraction,
avoit été une fource d'erreurs, dans
lefquelles des grands hommes font tombés (11).

(7) Pag. 30. (8) Mes. d. l'a. 1739.746.
(9) Pag. 2.   (10) Pag. 5.
(11) Com.in Boerh.n. 400. Prim. Lin. phyf. n. 4.

Dans la plûpart des muscles l'Irritabilité est si forte, qu'après une seule irritation, le muscle se contracte & se relâche plusieurs fois, par des oscillations
qui diminuent graduellement, jusques
à ce qu'elles finissent tout à fait (12).
Elle est très sensible dans les muscles
droits de l'abdomen, dans les sternocos-
taux, où l'on ne trouve point de différence dans les positions des fibres, différence que M. HAMBERGER (13) &
quelques autres auteurs, n'avoient pas
besoin, par conséquent, d'introduire dans
le cœur, puisque les muscles, dont je
viens de parler, oscillent parfaitement,
quoique toutes leurs fibres soient droites
& paralleles. Cependant M. WHYTT
(14) s'est trompé, en croyant que cette oscillation avoit lieu dans tous les muscles ; elle n'arrive point dans la vessie
urinaire, qui, lors qu'elle a commencé,
se contracte sans discontinuer jusques à
la fin.

Ce qui surprendra c'est que l'iris,

(12) WHYTT, p. 18.
(13) Progr. de caus. dilat. cord.
(14) Pag. 243.

comme je l'ai dejà dit, n'a aucune irritabilité, quand on l'irrite avec des irritans mécaniques. Pendant que je parle de l'iris, j'ai remarqué contre le célebre M. WHYTT, que sa dilatation ne dépend point d'une force musculaire, puisqu'après la mort elle reste très large (15). Je l'avois dejà remarqué plusieurs fois, & je le vérifie sur un chat mort dans les tourmens, & qui a la prunelle si fort ouverte, qu'on ne voit presque aucune iris. On la trouve aussi sans irritabilité dans la grenouille.

Il y a des muscles qui ont une force contractive plus grande que d'autres, & qui la conservent plus long-tems ; l'on peut mettre à la tête le diaphragme ; j'ai toujours remarqué qu'il continuoit à se mouvoir bien long-tems après les autres, ou qu'au moins en irritant les nerfs, on ressuscitoit ses mouvemens. Je l'ay vû avec M. ZIMMERMAN conserver son irritabilité plus d'une heure après la mort, quand les intestins l'avoient dejà perdue (16). WEPFER, l'a vû se mouvoir après la section de l'estomac

<hr>

(15) Sect. 7.   (16) Pag. 19.

(17). Je ne cacherai point cependant, que j'ai vû quelque fois dans les animaux encore chauds, d'autres muscles & l'œsophage, continuer leurs palpitations, après que le cœur avoit fini les siennes. M. OEDER en rapporte un exemple (18). Mais à l'ordinaire le diaphragme, le cœur & les intestins conservent leurs mouvemens plus long-tems que toutes les autres parties, ou au moins on peut les leur rendre par l'irritation, lorsque les autres n'en sont dejà plus susceptibles.

L'œsophage irrité au dessus du diaphragme, se contracte d'une façon assez sensible. On peut par ce moyen y produire le mouvement péristaltique, que j'ai aussi vû, indépendamment de toute irritation, assez considerable, pour pousser une bouchée alternativement de haut en bas, & de bas en haut, ce qui me paroit détruire les doutes, qu'un savant avoit élevé depuis peu, contre les mouvemens de ce canal.

L'estomac a une irritabilité assez consi-

(17) De cicuta aquatica p. 195.
(18) De temporali p. 4.

derable, quand on le touche avec quelque poison; son impreſſion produit ſur le champ, un long ſillon, légerement enfoncé. Si on l'irrite avec un canif, ou au pilore ou ailleurs, il ſe contracte ſur le champ. Je l'ai vû, ſur tout en le touchant à la gauche du pilore avec un poiſon, ſe contracter circulairement; ſi après l'avoir ouvert on l'irrite de la même façon, il regorge de l'écume, & les bords de la playe ſe roulent comme ceux des inteſtins. L'on peut s'aſſûrer que ſon mouvement périſtaltique, n'eſt point comme l'a cru M. Schwarz, dépendant de l'air extérieur, parce qu'on l'obſerve très diſtinctement à travers le diaphragme & le péritoine, qu'on met à nud, & qui ſont très tranſparens dans les petits animaux. Je l'ai vû très manifeſtement dans un chat, dans un petit chien & dans un rat, ſubſiſter plus d'une heure, pendant que celui des inteſtins étoit fini.

L'on peut dire cependant qu'en le comparant avec les inteſtins, on lui trouve quelque choſe de moins actif; en l'irritant dans une grenouille avec un poiſon, il ne ſe contracte abſolument

point. J'ai souvent donné des poisons,
& je n'ay vû qu'une fois les mouvemens
qui produisent le vomissement, & qui
consistent en de fortes & courtes secous-
ses qui reviennent de tems en tems. J'ai
vû une autre fois le sublimé corrosif, res-
serrer & applatir entiérement ce viscere.

Les intestins tant les gros que les grè-
les, & même le cœcum, dans les animaux chez qui il est considerable, sont
extrèmement irritables. Après avoir ouvert & détruit les muscles de l'abdomen,
j'ai vû les excremens chassés par la seule
force des intestins, comme WEPFER
& STAHL l'avoient dejà observé (19).

L'on peut ajouter à ces faits, si contraires au sistème de ceux qui regardent
les muscles de l'abdomen, comme la
principale cause de l'expulsion des matieres fécales, que dans une constipa-
tion opiniatre, dans laquelle les excremens resistent, malgré nôtre volonté &
les efforts réiterés de la respiration, il
ne faut, pour les faire sortir, que re-
veiller par un lavement l'Irritabilité des
intestins. Il n'y a point de partie dans le

(19) Theor. vit & mort.

corps de l'animal qui continue plus long-tems à se mouvoir, souvent plus que le cœur, comme je l'ai remarqué quatorze fois ; & dans le cas du contraire, je l'ai attribué à ce que l'abdomen avoit été le premier ouvert, & que les intestins s'étoient refroidis. Généralement cependant, il est prouvé par d'autres expériences, que le cœur est la partie, dont les mouvemens sont les plus vifs & les plus durables. L'opium qui détruit le mouvement péristaltique des intestins, & presque toute l'Irritabilité du corps, laisse les forces du cœur dans tout leur entier, comme je l'ai remarqué souvent. Dans bien des expériences, le mouvement du cœur a duré plus long-tems que celui des intestins, j'en trouve sept exemples dans les cahiers de mes dissections.

Souvent après avoir cessé leurs mouvemens, les intestins les recommencent, & les augmentent peu à peu, soit que ce soit le froid, ou quelque cause cachée qui les irrite. Quand on arrache les intestins du corps, l'on voit souvent augmenter ce mouvement, qui, suivant les sistèmes opposés, devroit totalement s'é-
teindre,

teindre, & M. FELIX mon éleve a dejà fait cette remarque (1). On peut faire entrer en contraction les inteſtins, en les irritant extérieurement avec une aiguille, un ſcalpel, l'alcohol, ou quelque corroſif, mais leur ſurface interne eſt beaucoup plus irritable. Quand on ouvre l'inteſtin, & qu'on fait tomber quelque corroſif dans ſa cavité, l'on voit la bile alternativement deſcendre & remonter, & s'écouler en partie avec beaucoup d'écume. Je n'ay jamais vû le mouvement périſtaltique d'une façon auſſi marquée, que dans un chat qui avoit pris du ſublimé corroſif. Les levres de la ſection de l'inteſtin ſe renverſent, & elles viennent embraſſer la partie ſupérieure de l'inteſtin, de façon que le velouté ſe trouvant extérieurement, s'attache aux corps voiſins. Si l'on ne fait qu'une légere inciſion à l'inteſtin, ſes levres ſe retirent également.

Au reſte il eſt ſi difficile d'obſerver le mouvement périſtaltique, qu'on a bien de la peine à en déterminer les regles ; aſſez ordinairement cependant on voit

______

(1) De motu periſtaltico n. 11.

d'une maniere diftincte, que, pendant que la partie fupérieure de l'inteftin fe contracte, l'inférieure fe relâche, & reçoit ce que la fupérieure lui envoye. Quand on irrite l'inteftin, il fe contracte fi fort, dans l'endroit irrité, qu'il s'y ferme entiérement, & les matieres qui s'y trouvoient, paffent dans l'endroit le plus voifin, fupérieur ou inférieur, qui fe dilate, & qui bientôt après, en conféquence de cette dilatation, fe contracte, & chaffe ces matieres plus loin.

J'ai vû l'introfufception dans un petit chien, qui avoit pris du poifon ; une portion de l'inteftin rétreci & refferré, s'introduit dans la partie voifine qui fe trouve plus grande, & en reffort enfuite avec facilité ; pendant ce tems là elle charie également les viandes de haut en bas & de bas en haut. Il eft auffi fûr que l'inteftin change de fituation longitudinalement, fe mouvant alternativement, de droit à gauche & de gauche à droite ; mouvement qui rend les fibres longitudinales extrémement fenfibles, comme celui de conftriction fait aux tranfverfales.

Dans les animaux froids, les inteftins me paroiffent proportionellement moins irritables. Une heure après avoir ouvert le ventre d'une grenouille, j'ai encore trouvé de l'Irritabilité dans l'eſtomac & dans les inteſtins, mais le mouvement du cœur a duré beaucoup plus long‑tems.

Peu à peu me voici parvenu à l'Irritabilité du cœur, l'organe de tous qui en a le plus, & auquel elle eſt le plus néceſſaire : Cauſe de tous les mouvemens de nôtre machine, il devoit ètre lui mème extrèmement mobile. Toutes les expériences, ſur tout ſur les animaux froids, prouvent effectivement qu'il l'eſt, & qu'il l'eſt beaucoup plus que les inteſtins. Car premierement dans un animal froid, il ſe meut beaucoup plus long‑tems, qu'aucune autre partie du corps, mème après la mort, & quelque fois juſques à vingt & quatre & trente heures (2), & mème plus long‑tems (3). Dans un animal à ſang chaud, il ſe meut, juſques à ce que le froid ait épaiſſi la graiſſe, ce qui eſt le terme commun, qui finit le mouvement

(2) C H A R A S dans une vipere, de la theriaque p. 43.

(3) C A L D E S I , dans une tortuë.

de tous les muſcles. J'ai remarqué dans les grenouilles, qu'ordinairement le cœur continue ſon mouvement, depuis midi juſques fort avant dans la nuit, mais rarement juſques au matin. En ſecond lieu quand le cœur a ceſſé de ſe mouvoir, on peut rappeller le mouvement fort aiſément , par quelque irritation externe que ce ſoit, avec une aiguille, un couteau , du ſel (4), du poiſon, & quelque fois même , comme l'a fait WO DWARD (5), avec de la ſimple eau chaude. L'oreillete irritée par un poiſon, s'eſt contractée pluſieurs fois de ſuite. J'ai vû la même choſe dans le cœur. Mais il arrive ſouvent dans ces irritations , produites par un poiſon , que le mouvement qui en reſulte eſt fort court, preſque toujours local, & borné à la place qu'on a irrité. La meilleure façon de reſſuſciter les mouvemens du cœur, c'eſt d'en irriter la ſurface intérieure, & ſouvent j'ai réüſſi en ſoufflant dedans, quand tous les corroſifs avoient eçhoüé ; & l'injection des autres fluides qui ont plus de conſiſtence que l'air, opere le

(4) OEDER pag. 3.
(5) L. C. pag 52.

même effet. On rend également le mouvement au cœur, soit qu'on y injecte de l'eau, soit qu'on lui souffle de l'air, ou par l'une & l'autre cave, ou par la trachée artere, ou par le canal thorachique (6), expérience que j'ai faite sur un chien; en un mot il suffit, que l'air parvienne au ventricule gauche; c'est une expérience que j'ai vérifiée très souvent, & qui revient à l'expérience de Robert HOOKE,

Cette irritation des parois internes du cœur, produit des oscillations beaucoup plus durables, que celles qu'on fait aux parois externes, & qui ne s'affoiblissent qu'insensiblement. Elle a cet avantage, qu'elle ne diminue point l'Irritabilité du cœur, au lieu que celle qu'on occasionne par les poisons, ôte absolument au cœur la faculté de se mouvoir.

Il est difficile de décider qu'elle est la partie du cœur la plus irritable. Les Anatomistes préferoient ordinairement le ventricule droit & son oreillete. Mais je crois avoir prouvé, que ce côté n'avoit aucun avantage sur le gauche, dont les

______

(6) WEPFER de cicuta aquatica, p. 29.

oſcillations duroient plus long-tems, dès
que la cauſe irritante avoit été appliquée
plus long-tems qu'à l'oreillete droite (7).
Il ne paroit pas que le poids de la liqueur
qu'on employe, contribue à l'irritation,
puiſque l'air produit le même effet que
l'eau, quoi qu'il ſoit près de mille fois
plus léger; & puiſque le cœur du fetus bat
beaucoup plus fort & plus vite que celui
des adultes, dont le ſang eſt beaucoup
plus denſe & beaucoup plus peſant. Je
conclus que la différence des ſangs, n'in-
flue point ſur le mouvement de cet organe. L'air & l'eau prouvent, qu'il n'eſt
point beſoin d'acreté dans les fluides,
pour occaſionner l'Irritation ; cependant
elle l'augmente, comme il paroit, par l'e-
xemple du ſel. Mais l'acreté & l'irritation, ne croiſſent point dans la même
proportion, & quelque acreté qu'ait l'eſprit de nitre fumant, appliqué ſur la ſurface interne du cœur, il n'y produit aucune contraction.

Si l'on me demandoit actuellement,
d'où vient cette plus grande Irritabilité
du cœur, j'aurois beaucoup de peine à

(7) Voyés le Mémoire imprimé à la ſuite
de celui-ci.

repondre : Il n'y a pas plus de nerfs qu'ailleurs , & il y en a même moins qu'aux muſcles de l'œil. M. W H Y T T conjecture que ces nerfs ſont plus ſenſi- bles , mais d'où leur viendroit cet excès de ſenſibilité ? Seroit-ce parce qu'ils ſont plus à nud , plus près de la ſurface inter- ne du cœur , & par là même plus pro- ches du ſtimulus ? L'anatomie ne nous donne pas beaucoup de lumiere là-deſſus, à moins qu'on ne veuille ſe ſervir de l'e- xemple des oreilletes , qui ſont en effet très minces & très irritables. Ce qui me porteroit à adopter cette explication, c'eſt la grande Irritabilité qu'on remar- que dans les inteſtins , quoi qu'ils ayent peu de nerfs , mais qui ſont très à nud. Pour s'aſſûrer combien cette circonſtance augmente la ſenſibilité , il ne faut qu'e- xaminer les ſimptomes qui ont lieu , quand le mucus de la veſſie de l'urethre vient à être emporté. Mais il eſt difficile d'étayer ce ſiſtème par des faits anatomi- ques : bien loin de démontrer , que les dernieres ramifications des nerfs ſont ex- trêmement à découvert dans le cœur , on a beaucoup de peine à en trouver les troncs principaux. Au reſte de tous les animaux , l'anguille eſt celui dont le cœur & les autres muſcles , m'ont paru le moins irritables.

De toutes ces expériences réünies , il paroit qu'il n'y a d'irritable dans le corps humain , que la fibre muſculaire , & que la faculté de chercher à s'accourcir quand on la touche , eſt propre à cette fibre. Il en reſulte encore, que les parties vitales ſont les plus irritables ; le diaphragme ſe meut très ſouvent, quand tous les autres muſcles ont ceſſé, les inteſtins & l'eſtomac ſe meuvent plus long-tems encore , enfin le cœur eſt la partie dont les mouvemens ſurvivent à ceux de toutes les autres. Cela fournit un caractère différenciel , entre les organes vitaux & les autres. Les premiers, étant extrêmement irritables , n'ont beſoin que d'un très foible aiguillon, pour être mis en jeu. Les autres , qui le ſont très peu, ne ſont ébranlés , que par les déterminations de la volonté , ou par des irritations très fortes , dont l'application peut leur procurer ces mouvemens violens , connus ſous le nom de convulſions.

L'Irritabilité eſt-elle différente de toutes les autres proprietés des corps ? C'eſt

ce que je prouverai très aifément (8).
L'élafticité , qui eft celle qui paroit avoir
le plus de rapport avec elle , en differe ,
1°. en ce qu'elle appartient aux fibres fe-
ches , & que dans cet état elles n'ont
plus aucune Irritabilité : On peut s'en
convaincre en féchant une grenouille.
2°. En ce que l'élafticité eft une proprieté des corps les plus durs , & l'Irritabilité des corps les plus fouples. Le Polipe
eft fi irritable , que quoi qu'il n'ait point
d'yeux , la lumiere l'affecte fenfible-
ment. Les animaux gélatineux , & bien
éloignés de toute élafticité , le font beaucoup. M. WHYTT ajoute (9), que le
mouvement du cœur ceffe fpontanément
& recommence de même , ce qu'on n'obferve dans aucune fibre élaftique , &
qu'en piquant de l'acier avec une aiguille , on n'y produit aucune irritation.
(10) Guillaume BATTIE fait obferver , que l'Irritabilité eft plus petite dans
les vieux fujets, que dans les jeunes, quoique les fibres des vieillards foient plus
élaftiques , que celles des enfans.

(8) ZIMMERMAN in addend. OEDER,
pag. 7.   (9) Pag. 231. & feq.
(10) De Princip. anim. pag. 34.

Les fibres musculaires étant compo-
sées d'élemens terrestres, & d'une muco-
sité gélatineuse, on peut demander dans
laquelle de ces deux parties l'Irritabilité
réside. Il paroit que c'est dans la partie gélatineuse, parce qu'elle tend à se raccour-
cir quand on l'étend, au lieu que la terre, qui est le plus sec de tous les corps,
ne change jamais de figure par elle même, & qu'étant extrèmement friable,
quand ses parties sont une fois séparées,
elles restent constamment dans cet état.
Cette idée est fortifiée parce que les enfans, chez qui la gélatinosité domine,
sont beaucoup plus irritables que les a-
dultes : la vivacité de leur poulx, qui
fait 140 vibrations par minute, pendant
que celui des vieillards n'en fait que soixante ou soixante cinq, le prouve évidemment. Une autre preuve encore,
c'est que les parties les plus solides & les
plus terrestres de nôtre corps, les os,
les dents, les cartilages, n'ont aucune
irritabilité, & qu'on la fait perdre aux
parties les plus irritables, en les privant
de leur mucus par le desséchement.

Il resteroit à rechercher comment ce
gluten, formé d'une limphe insensible,

peut devenir irritable. M. WHYTT
& les autres Stahliens prétendent, qu'il
acquiert cette proprieté, en recevant des
parcelles de l'ame, qui étant senfibles au
tact, contractent, & retirent la fibre
pour l'éviter.

Quelque fimple que foit cette théorie, & quelque commodité qu'elle offre,
en nous débaraffant de bien des difficul-
tés, elle ne peut pas quadrer avec les
faits. Premierement l'Irritabilité differe
totalement de la fenfibilité, & les parties les plus irritables font celles, qui ne
font point foumifes à l'empire de l'ame,
ce qui devroit être tout autrement, fi
elle étoit le principe de l'Irritabilité. En
fecond lieu, l'Irritabilité fubfifte après la
mort ; des parties, féparées du corps &
entierement infenfibles, font encore irritables. Rien de plus commun que de
voir battre le cœur d'une grenouille, &
fes mufcles refter irritables, après qu'on
lui a coupé la téte & la moëlle épiniere. M.
WHYTT fe tire de cette difficulté avec
beaucoup d'adreffe (11) en difant, que
le tems de la mort eft très incertain, &

(11) Pag. 367. 389. & feq.

que fouvent un animal a encore de la vie, quoi qu'on ne lui en croye plus depuis long-tems ; il le prouve par l'exemple des noyés, & des perfonnes qui tombent en fincope. Mais il fuffit de la certitude où nous fommes, que le fiége de l'ame eft dans la tète, & qu'elle n'a plus aucune communication avec les parties des corps, quand les nerfs en font détruits ; cette remarque doit donc convaincre, puifque l'Irritabilité fubfifte après la deftruction des nerfs, qu'elle ne dépend point de l'ame. Cela eft fi évident, qu'il eft inutile d'ajouter, que l'Irritabilité s'éxerce fans que l'ame fente, & qu'elle n'eft point foumife à fa volonté ; l'exemple du cœur prouve ces deux vérités : Pour en éviter les conféquences, les Animiftes font obligés de reconnoitre un fentiment infenfible, & des actes de volonté involontaires, c'eft à dire, d'admettre des propofitions contradictoires.

Qu'eft-ce donc qui empèche d'admettre l'Irritabilité, pour une proprieté du gluten animal, tout comme on reconnoit l'attraction & la gravité, pour proprietés de la matiere en général, fans

pouvoir en déterminer les caufes ? Les
expériences nous ont appris l'exiftence
de cette proprieté, elle a une caufe phyfique fans doute, qui dépend de l'arran-
gement des dernieres parties, mais que
nous ne pouvons pas connoitre, parce
qu'il ne peut pas être faifi par les expériences auffi groffieres, que celles auxquelles nous fommes bornés.

L'Irritabilité eft détruite par le deffe-
chement, & par la congélation de la
graiffe, & dans l'animal vivant par l'u-
fage de l'opium; ce remede anéantit fi
fort le mouvement périftaltique du ventricule & des inteftins, qu'on ne peut le
rappeller par aucune irritation. Je l'ai
vû moi mème, & l'illuftre K A A U
B O E R H A A V E l'a dejà remarqué (12).
Une fois cependant j'ai trouvé, que le
mouvement périftaltique a refufé de ce-
der à l'opium, c'étoit un chat. Il anéantit également la force de la veffie urinaire ; dans une grenouille il détruifit le
mouvement périftaltique, l'Irritabilité
des inteftins, & la convulfibilité des
nerfs. M. W H Y T T dit qu'il détruit

(12) In impetum facient. Hippocrat.

auſſi l'Irritabilité du cœur, je n'ay jamais pû le remarquer (13).

Quelques auteurs célebres ayant écrit que l'Irritabilité étoit une proprieté inconnue juſques à préſent, & m'ayant fait honneur de la découverte, pendant que d'autres, loin de la regarder comme nouvelle, l'ont crue imaginaire, j'ay cru devoir en donner une hiſtoire abrégée. Quelques expériences obſcures & qui s'offroient naturellement, ont été connues de tout tems: VIRGILE ſavoit dejà que les chairs fraiches palpitent. Mais je ne vois point que les anciens ayent tenté aucune expérience, dans le but d'irriter les fibres, & de rappeller leurs mouvemens. François GLISSON (14) qui decouvrit la force vive des élemens des corps, eſt le premier qui ait imaginé le mot d'Irritabilité ; il l'attribue à une perception naturelle, qui n'eſt point accompagnée du ſentiment, & qui dépend de l'archée, qui eſt l'architecte de ſon propre corps (15). Il en diſtingue deux, l'une dépend du ſens

(13) Pag. 371. 372.
(14) De ventriculo & inteſtinis, cap. 7.
(15) N. 6.

externe, l'autre de l'appetit interne (16). Il rapporte aussi quelques faits, pour prouver que ce mouvement se produit, indépendamment du sentiment ; & qu'après la mort, les chairs se contractent, quand on les touche avec des liqueurs acres & piquantes. Il donne même tant de généralité à cette proprieté, qu'il l'accorde aux os & aux sucs du corps humain (17) ; il en a distingué les differens degrés, & n'a point omis cette Irritabilité excessive, que M. BOERHAAVE appelloit *prurientem* (18).

BELLINI (19) parle d'une contractibilité naturelle, & il explique mécaniquement, comment les acres qui peuvent irriter les fibres, en sont chassés par le moyen de cette proprieté ; il déduit de là, comment les irritans peuvent faire mouvoir les muscles, accélerer le mouvement du sang, occasionner une inflammation, produire une revulsion, ou une évacuation quelconque ; mais il ne confirme ses idées par aucune

(16) N. 11.   (17) Cap. 8. n. 1.
(18) Ibid. n. 6.
(19) De stimulis opuscul. & in lib. de missione sanguinis.

expérience. BAGLIVI (20) par ſes expériences a plus approché du but, il a vû les fragmens d'un cœur privé de tout nerf, qui conſervoient leurs mouvemens alternatifs de contriction & de relachement (21). Il a remarqué, que les fibres muſculaires ſe contractoient, quand on les touchoit, ſans que l'ame y eut aucune part, ni qu'elle le ſentit même (22).

Depuis lors tous les Stahliens ont beaucoup parlé du ton & de la contraction naturelle des fibres, mais ils l'attribuent à l'ame, & comme ils ont toujours eû de l'averſion pour l'anatomie, ils n'ont fait aucune expérience, pour illuſtrer cette faculté.

M. BOERHAAVE (23) a reconnu une force active dans le cœur, & un principe caché de mouvement dans ſes morceaux coupés; mais ſon ſiſtème ſur la cauſe du mouvement des muſcles, qu'il attribuoit aux nerfs, prouve qu'il n'a point connu aſſez manifeſtement, que la cauſe de ce mouvement étoit dans
les

(20) De fibra motrice & morboſa.
(21) Pag. 7.   (22) Pag. 12.
(23) Inſt. rei. med. n. 187.

les mufcles mêmes, que les nerfs n'a-
voient d'autres fonctions, que de l'affu-
jettir aux volontés de l'ame (1), &
qu'ils pouvoient bien l'augmenter ou la
diminuer, mais qu'ils n'en étoient point
la caufe, puis qu'elle a une étenduë bien
plus vafte que les nerfs, & qu'on la
trouve dans des infectes, qui n'ont pas
même de tête. L'on trouve nombre d'expériences intéreffantes fur cette matiere,
dans le fupplement pofthume de WOOD-
WARD, publié par Hollovay. STUART
(2) a vû auffi plufieurs faits très utiles,
& avoit dejà remarqué, que les fibres con-
fervoient leur Irritabilité, quoi qu'on en
eut détaché le nerf. L'on trouve éparfes
en differens endroits encore, bien des
chofes relatives à cette matiere, mais
qui paroiffoient duës au hazard.

Ce fut en 1739 que je dis, dans
mes commentaires fur *les Inftitutions de*
M. BOERHAAVE (3), *Donc le cœur*
eft mû par quelque caufe inconnuë, qui ne
dépend ni du cerveau, ni des arteres, &
qui eft cachée dans la fabrique même du

(1) Ibid. n 402.
(2) De motu mufcular pag 13.
(3) Inft. rei med. n. 187. pag. 1. 2.

cœur. La nature de la chofe m'obligea à abandonner l'idée de mon maitre. Trois ans après j'annonçai (4), que toute fibre animale irritée fe contractoit, que ce caractère la diftinguoit de la fibre végetale, & que la feule perpétuité de l'irritation, étoit la caufe de la continuation du mouvement dans les organes vitaux, pendant que les organes animaux cefloient les leurs. Dans mon abregé de Phyfiologie (5), j'ai attribué pofitivement le mouvement du cœur à la force du ftimulus, & dans la feconde édition, j'ai confirmé avec plus d'étenduë l'Irritabilité de la fibre mufculaire (6), & j'ai enfeigné qu'elle étoit indépendante des nerfs, & de toute autre proprieté connuë. Si quelqu'un le nie, qu'il me faffe connoitre, quelle eft cette proprieté dont elle dépend. Depuis lors encore, des expériences nombreufes m'ont fait connoitre, les vérités que je viens d'expofer, & j'ai vû avec bien du plaifir, que dans le mème tems M. de GORTER (7) em-

(4) Tom. 4. pag. 586. ann. 1743.
(5) Ann. 1747. n. 113. p. 51.
(6) N. 408. p. 252.
(7) Exercitat. de motu vitali.

ployoit les mêmes principes, & que l'illuſtre M. WINTER (8), Médecin ordinaire de la Maiſon d'Orange, dans un diſcours ſur la certitude de la médecine pratique, attribuoit tous les mouvemens du
corps humain, à l'Irritabilité des fibres, &
à la force du ſtimulus. Ces deux hommes
célebres ont été ſuivis par d'autres. M. A-
bram KAAU (9), neveu du grand BOER-
HAAVE, a fait, quoi que pour un autre but, un grand nombre d'expériences;
& depuis peu le célebre M. WHYTT
(10) attribue tous les mouvemens du
corps humain à la force du ſtimulus : a-
vec cette différence, entre lui & les autres,
qu'il attribuë l'Irritabilité à l'ame, qui,
ſentant l'impreſſion de l'irritation, occaſionne la contraction de la fibre. Peut-être
aurois-je lieu, comme bien d'autres, de
me plaindre, de ce qu'il a conſtamment
affecté de me nommer, quand il a voulu critiquer mes idées, & qu'il en a adopté pluſieurs, ſans m'en faire honneur. Il
n'a fait qu'un petit nombre d'expériences
ſur des animaux mourans, dont il ap-

(8) Franeker 1746. fol.
(9) De impet. facient. Hippocrat.
(10) Of vital motions, Edimb. 1751. 8.

puye fon fiftème , mais qui n'ont pas été réiterées affez fouvent , pour qu'on puiffe les regarder comme fûres , & dont quelques unes même font contredites par les miennes.

Deux de mes éleves MM. ZIMMERMAN & OEDER ont fuivi la véritable route , pour parvenir à connoitre cette proprieté ; l'expérience leur a appris, qu'elle étoit, comme l'attraction, une loi de la nature , & ils ont abandonné des recherches inutiles fur fa théorie. Un autre a vérifié les expériences fur la fenfibilité , ceft M. CASTEL. Feu M. de la METTRIE a fait de l'Irritabilité, la bafe du fiftème qu'il a propofé contre la fpiritualité de l'ame (11); après avoir dit que STAHL & BOERHAAVE ne l'avoient pas connuë, il a le front de s'en dire l'inventeur ; mais je fais par des voyes fûres , qu'il tenoit tout ce qu'il pouvoit favoir là deffus, d'un jeune Suiffe, qui, fans être médecin, & fans m'avoir jamais connu , avoit lu mes ouvrages , & vû les expériences de l'illuftre M. ALBINUS; c'eft là deffus que

---

(11) L'homme machine, n. 18. 22.

la METTRIE a fondé ce siſtème impie, que ſes expériences mêmes ſervent à refuter. En effet puiſque l'Irritabilité ſubſiſte après la mort, qu'elle a lieu dans les parties ſéparées du corps, & ſouſtraites à l'empire de l'ame, puiſqu'on la trouve dans toutes les fibres muſculaires, qu'elle eſt indépendante des nerfs, qui ſont les ſatellites de l'ame, il paroit qu'elle n'a rien de commun avec cette ame, qu'elle en eſt abſolument différente, en un mot que l'Irritabilité ne dépend point de l'ame, & que l'ame n'eſt point l'Irritabilité.

SUPPLEMENT DE L'AUTEUR.

Ayant vû, depuis que mon Mémoire eſt publié, les objections de M. LE CAT, placées dans un Mémoire qu'il a envoyé à l'Académie Royale de Berlin, (12) j'ai cru devoir y repondre en peu de mots.

Je ne ſais pas, ce qui a engagé cet auteur, ou M. DELIUS, à me refuter,

____

(12) A la ſuite d'un Mémoire ſur le mouvement muſculaire.

avant que j'uffe écrit moi même. Ils fe
font attachés, ou aux thefes de quelques
uns de mes difciples, ou aux expreffions,
que j'ai laiffé paroitre dans quelque lettre
amicale. C'eft là le cas de M. LE CAT.
Si ces MM. avoient eu la bonté d'attendre mon Mémoire, ils fe feroient épar-
gné une grande partie de leur critique.

Il s'agit dans mon premier Mémoire,
de favoir, fi la dure mere & les tendons
font irritables, s'ils entrent en contraction, quand une caufe étrangere les a
ébranlés, & s'ils peuvent en effet agir
comme des mufcles. Cela entre effentiel-
lement dans le fiftème de BAGLIVI,
& c'eft dont le contraire eft bien averé.
Tous les animaux que j'ai vû, ont la
dure mere fortement attachée au crane;
quand on l'en a detachée, tous ces animaux l'ont immobile. C'eft en vain qu'on
l'irrite avec le fcalpel, l'aiguille, & les
corrofifs plus ou moins doux, il n'en refulte aucun mouvement dans l'animal.
Il en eft de même de la pie mere. L'efprit de vin s'eft à peine fait fentir à la dure mere, dans l'expérience de *M. Le Cat*,
au lieu qu'il excite une douleur des plus
vives dans la peau; marque que la pre-

miere n'a aucune fenfibilité, vis à vis de la feconde. Les convulfions fe font bientôt appercevoir, quand on irrite la moëlle du cerveau, ou celle de l'épine du dos. Donc la caufe du mouvement eft dans la derniere, & les méninges n'y entrent pour rien.

La feconde chofe que j'ai défenduë, c'eft que les bleffures du périofte, des tendons, des ligamens & de la dure mere, n'intéreffent point l'animal, & qu'elles guériffent fans aucun accident. C'eft en vain que *M. Le Cat*, en appelle contre moi à des obfervations. Elles font vagues & indéterminées. Il falloit produire des malades, où un tendon, un ligament, une méninge eut été bleffée inconteftablement & uniquement, & qu'il en eut refulté de fâcheux accidens. Ce qu'il dit de la dure (12) mere, s'explique par la compreffion qui refulte dans le cerveau, à la fuite de celle des méninges. Quand on détache avec le doigt la dure mere du crane, on fait crier l'animal, une compreffion du cerveau médiocre le fait fouffrir, & fi elle eft bien

(12) P. 113.

forte , elle l'endort. Dans le nommé Clermont , dont *M. Le Cat* parle (13), le nerf optique a été lefé de fon propre aveu , & il eft bien difficile dans une diffection ordinaire de favoir , fi les nerfs de l'œil du nommé Courvet , & fur tout ceux qui rampent au fond de l'orbite , pour en fortir vers les tempes , ont été confervés. Le fpafme peut avoir des raifons abfolument inacceffibles à nos fens , & fondées dans la ftructure la plus fine des nerfs ; les tetanes hiftériques , & ceux des animaux empoifonnés en font foi , & l'obfervation de *M. Le Cat* (14) ne prouve abfolument rien , parce qu'elle n'exclut pas ce dérangement , trop intime pour être vifible. L'hiftoire de Perchepié (15) ne devoit pas être alleguée contre moi. Cet homme avoit du pus dans les ventricules & fous la bafe du cerveau , en voilà plus qu'il n'en faut pour faire naitre le délire. Pour me refuter, il falloit à *M. Le Cat*, des expériences telles que les miennes ; des dures meres irritées , dont il feroit furvenu des convulfions ; des tendons percés ou bleffés ,

(13) P. 115.   (14) P. 118.   (15) P. 119.

des ligamens piqués ou brulés , que de grands accidens auroient fuivis. Mais ces expériences ne fauroient exifter, la nature eft trop conftante, & je l'ai trop fouvent vû agir. La différence de l'homme à l'animal ne fauroit ètre citée ici. Si les bleffures des tendons avoient quelque influence fur le mouvement, un chevreau, un lapin, un chien ne fauteroit pas fur des chaifes, immédiatement après qu'on lui a coupé, démis, ou percé le tendon d'achille (16).

J'ai dit enfin que les tendons, le périofte, la dure mere font infenfibles. Je ne fuis pas tout à fait le premier qui ai avancé cette vérité, & j'ai cité des obfervateurs, qui n'ayant aucun fiftème à défendre, ont vû la mème chofe avant moi. *M. Le Cat* ne m'oppofe des expériences, que par rapport à la dure mere (17). Il rapporte qu'un nommé Fleuri s'eft plaint, quand il a preffé cette membrane avec un crochet ; qu'un autre bleffé nommé Mabire (18) a fenti le mouvement du curedent fur la dure mere, qu'il

(16) Voyez la thefe de M. CASTEL.
(17) Pag. 122.   (18) Pag. 124.

a apperçû l'esprit de vin (19), & l'action du Chirurgien qui lavoit sa playe
(20) ; & que par conséquent il faut que
la dure mere ait été presque cartilagineu-
se , ou ossifiée , dans les sujets qui n'ont
pas paru avoir de sentiment dans cette
membrane : il paroit même par ses ex-
pressions , qu'il a vû des exemples de
cette insensibilité (21).

J'ai mille & mille fois égratigné , brulé , coupé la dure mere , dans je ne sais
combien d'animaux divers , ils ne se font
jamais plaints , & ont paru encore moins
sentir l'esprit de vin , infiniment moins
agissant que le beurre d'antimoine ou
l'esprit de nitre. De jeunes animaux ont
sucé , ont avalé du lait , avec tranquillité , pendant qu'on déchiroit cette membrane. Il est absolument impossible d'attribuer une dure mere presque cartila-
gineuse , ou presque osseuse , à des animaux jeunes & sains. Ces mêmes animaux sentoient fort bien le pincement &
le tiraillement de la peau , ils s'en plai-

(19) Pag. 129.   (20) Pag. 125.
(21) Pag. 129. lignes 3 & 2 au dessus de la
derniere.

gnoient & cherchoient à s'y fouftraire.
L'expérience a été faite fur des animaux
féroces & impatiens, tel eft le chat, qui
devient furieux dans le danger & dans la
douleur. On a fait la même expérience
dans l'homme, & M. ELLER l'a vérifiée à Berlin même, fur la dure mere
d'un homme, à qui la carie avoit découvert cette enveloppe. Si le bleffé de *M.*
Le Cat a fenti la preffion, il n'a fait que
ce que font les bêtes; elles fentent fort
bien le détachement de la dure mere, &
le doigt qui appuye fur elle, comme je
viens de le remarquer. Il ne feroit même
pas impoffible, que les remedes extrèmement vifs ne puffent agir à travers la
dure mere, comme l'eau froide & les
acides affectent le nerf des dents, à travers
de leur émail & de leur ftructure offeufe.
Mais je ne me fuis jamais apperçu du
fait, & je le répete, la dure mere n'é-
tant qu'une toile cellulaire, le deve-
nant évidemment en accompagnant les
nerfs, & n'ayant point de nerf elle même, ne fçauroit être fufceptible de fentiment.

Je n'ai plus qu'un mot à dire, c'eft
de prier tous ceux qui s'intéreffent à l'art

de guerir, de faifir les occafions de s'in-
ftruire, fur l'infenfibilité des périoftes,
des tendons, des ligamens & des enve-
loppes du cerveau. Elles ne fauroient
ètre fort rares, & quand ils auront tenu
un tendon entre les bras d'une pincette,
comme je l'ai fait avec le flexeur de la
troifieme articulation d'un doigt, ils
s'enhardiront à faire des expériences,
qui font fans danger & fans inconvé-
nient.

Qu'il me foit permis d'ajouter ici, que
M. LA MURE a fait imprimer dans le
Tome 1749 des *mémoires de l'Academie
Royale des fciences*, une Differtation, fur
un mouvement du cerveau, analogue à
celui de la refpiration, & que ce Mémoire y a été lû le 12 d'août 1752 (22). Le
mien, le mème qu'on vient de traduire,
a été lû à Goëttingue dans les affemblées
de la focieté Royale, qui s'y font faites
le 22 d'avril & le 6 de mai 1752. On
voit bien que fa publication a précedé
celle des expériences de M. LA MURE,
& il paroit que mes expériences mème
font antérieures à celles de M. LA MU-

(22) Pag. 541.

RE, puifqu'il cite les miennes (23),
& que je n'ai eû aucune connoiffance de
celles qu'il a faites. L'envie prend plaifir
à faifir de petites occafions de nous dé-
primer, une differtation faite en 1752,
mais publiée dans le Tome de 1749 pourroit en fournir, & il ne feroit pas agréa-
ble de paffer pour copifte, quand on n'a
fuivi que la nature même. A B E R N E
le 10 *de feptembre* 1754.

(23) Mémoires de l'Acad. 1749. pag. 542.
Je les lui ai communiquées dans une lettre
écrite à M. DE SAUVAGES au commencement de Janvier 1752, qui me repondit
en confequence en date du 1er mars 1752.
Ce chien fut trépané, nous obfervames beaucoup
le mouvement du cerveau, très conforme à ce
que vous m'avez fait l'honneur de m'écrire. Pour
s'affûrer bien fi c'eft le reflux du fang qui caufe
cette élévation pendant l'expiration, M. LA
MURE *ouvrit plus de dix chiens; enfin nous*
avons trouvé la même chofe que vous, & nous
vous avons une grande obligation de cette dé-
couverte.

MEMOI-

MEMOIRE

SUR *LA CAUSE DU*

MOUVEMENT DU COEUR.

Lû le 10 de Novembre 1751. *

QUelque court que soit ce Mémoire, il ne sera pas inutile : l'on y verra une expérience que j'ai faite plusieurs fois, & qui prouve que le mouvement du cœur, par une alternative continuelle de contractions & de relâchement, dépend de l'Irritation, occasionnée par le sang veineux qui s'y rend. Toutes les explications, qu'on avoit donné jusques à présent de ce phénomene, sont détruites par l'anatomie humaine ou comparée.

L'on sait parfaitement que le ventricule droit, & sur tout son oreillette, sont les dernieres parties du corps, qui conservent du mouvement. C'est ainsi que les expériences l'ont appris à GA-

* Quoique ce Mémoire soit indépendant de celui qu'on vient de lire, & qu'il ait même paru plûtôt ; comme il renferme des expériences sur l'Irritabilité du cœur, qui décident la cause de ses mouvemens, j'ai cru qu'on le verroit avec plaisir reüni au précedent ; ce sont deux pieces d'un seul tout, qui s'étayent réciproquement.

LIEN (1) à HARVEY (2) & à M. BOERHAAVE (3).

J'ai soupçonné depuis long-tems (4), que la durée de ce mouvement dépendoit du sang, que les veines caves, contractées par le froid, & pressées par les palpitations & le poids des muscles, envoient continuellement à ce ventricule ; au lieu que le poumon de l'animal mourant, immobile & affaissé, n'admet plus le sang de l'artere pulmonaire ; & que celui que sa contraction peut faire passer dans l'oreillette gauche, est trop peu de chose, relativement à celui qui revient de tout le corps à l'oreillette droite, pour produire un effet sensible. L'on peut donc établir, que si le ventricule droit & son oreillette, se meuvent plus long-tems que l'oreillete gauche, c'est parce que le sang veineux y aborde plus long-tems.

Je resolus de vérifier ma conjecture par des expériences ; & pour cela il falloit, s'il étoit possible, empêcher l'en-

(1) Admin. Anatom. lib. 7. c. 15.
(2) Diss. 1. p. 39. 44. &c.
(3) Instit. rei med. n°. 159.
(4) Commentar. in Boer. t. 4. p. 609. Prim. lin. physf. N°. 113.

trée du fang dans le ventricule droit ; fi
par là on arrètoit fes mouvemens , c'é-
toit une preuve , qu'ils dépendoient effectivement de l'abord de ce fang.

J'effayai d'abord cette experience avec
des ligatures ; parce que je me rappellois
d'avoir lû dans BARTHOLIN (5)
& dans BERGER (6), que la ligature
des veines faifoit ceffer le mouvement du
cœur, & qu'il recommencoit quand on la
coupoit : & HARVEY dit avoir fait la
mème expérience fur un ferpent (7).

Mais , de cette maniere , elle ne m'a
pas réüffi , parce que tant que l'animal
eft encore chaud , le fang, qui fe trouve
dans l'oreillete droite, continuë à la mouvoir , quoi qu'il n'y en entre point par
les veines caves ; & après les avoir liées
dans trois jeunes chats , le mouvement
du fang continue également. La mème
chofe eft arrivée à BLANQUET dans
les expériences rapportées par M. SE-
NAC (8).   Cela

(5) Anat. p. 379.
(6) De nat. hum. p. 62. 63. 306. voyés
auffi D. SORGELOOS de Oeconom. corp.
66. 69.   (7) L. C. p. 99.
(8) Trait. du Cœur t. 1. p. 449.

Cela me fit prendre le parti de fendre l'une & l'autre cave, je les aurois coupées tout à fait, si je n'avois pas craint, qu'alors on attribuât la ceſſation des mouvemens du cœur, à ce qu'il n'avoit plus les appuis néceſſaires. Après les avoir fenduës, j'en fis ſortir tout le ſang & je les liai. Je vuidai enſuite l'oreillette : alors le ſuccès de l'expérience a toujours été conſtant. Dès que j'eus ôté tout le ſang de l'oreillette, & que j'eus empèché qu'elle n'en reçut de nouveau, elle perdit ſur le champ juſques à la plus petite apparence de mouvement. Comme il eſt plus difficile de vuider le ventricule que l'oreillette, & qu'il cede aux impreſſions que lui communique le ventricule gauche, l'on y obſerve quelques fois un leger mouvement, incomparablement plus foible que celui qu'il a, quand il reçoit le ſang de ſon oreillette & des veines Caves.

Il me reſtoit à faire une expérience plus autentique encore. Dans l'état naturel, le ventricule droit ſe meut plus long-tems que le gauche ; parce, ai-je dit, qu'il reçoit plus long-temps du ſang veineux. Pour prouver démonſtrativement, que ce fang eft effectivement la caufe du mouvement du cœur, il ne falloit que prouver, fi l'on privoit le ventricule droit & fon oreillette de fang, pendant qu'on en laifferoit au ventricule gauche, que le premier per-droit fur le champ fon mouvement, pendant que celui-ci conferveroit le fien.

Pour y réuffir, il falloit dabord vuider parfaitement le ventricule droit par l'ouverture de l'artère pulmonaire, & des veines caves, & empêcher l'évacuation du ventricule gauche, en liant l'aorte ; enfuite examiner attentivement, fi les chofes étant dans cet état, le ventricule droit cefferoit fes mouvemens, & fi le gauche & fon oreillette continueroient les leurs.

Aprés quelques effais, que la difficulté d'une entreprife auffi délicate, & la mort prompte des animaux rendirent infructueux, l'expérience réuffit à fouhait ; l'oreillette droite refta entiérement immobile, & fon ventricule ne conferva de mouvement, que celui qui étoit une fuite néceffaire de la liaifon de fes fibres, avec celle du ventricule gauche, & qui raprochoit fes parois exte-

rieures de celle qui fepare les deux ventricules. L'oreillette gauche étoit en
mouvement pendant un certain temps ;
le ventricule pendant plus long-tems ; &
j'ai vû quelques fois, qu'au bout de
deux heures, il fe contractoit encore.

Quand l'expérience me réuffiffoit exactement, le fang montoit de la pointe
du ventricule gauche à la bafe, & enfuite redefcendoit de la bafe à la pointe, &
alors le ventricule droit, s'il confervoit
encore quelque mouvement, paroiffoit
auffi defcendre ; d'autres fois, comme
je l'ai vû dans un chêvreau, il n'avoit
aucun mouvement du tout. Cette expérience réüffiffoit fur tout, quand l'oreillette gauche fe vuidoit librement dans le
ventricule, & que le fang de celui-ci ne
trouvoit aucune iffuë dans l'aorte liée.
La pointe du ventricule gauche étoit toujours la partie, qui confervoit le plus long-
tems fon mouvement. L'on transfere ainfi, du ventricule droit au ventricule
gauche, la proprieté d'être la derniere
partie vivante du corps, en confer-
vant plus long-tems, à ce dernier, l'Irritation produite par le contact du fang.

L'on donne une nouvelle force à cette

expérience, en essayant de souffler dans le ventricule droit : par cette irritation, on le tire du repos, & on lui fait recommencer ses battemens.

Au reste, j'ai toujours remarqué, que la surface interne du cœur est beaucoup plus irritable que l'externe. Lors même que j'ai irrité celle-ci avec les venins les plus forts, le mouvement que je communiquois au cœur a bientot fini : au lieu que l'irritation communiquée à la surface interne, simplement par l'air, a occasionné, sur tout dans les grenouilles, & même dans les chats, des mouvemens, qui subsistoient très long-tems, quoique toutes les parties fussent réfroidies.

J'ai fait neuf fois cette derniere expérience, pour conserver au ventricule gauche son mouvement, lors que toutes les autres parties ont perdu le leur ; sept fois sur des chats, deux fois sur des chevreaux. La resistance & la trop grande agitation des chiens, fait qu'ils ne font point propres à cet usage.

F I N.